아인슈타인은 없다

천재, 바람둥이,
게으른 개…
아인슈타인에
칠한 덧칠 벗기기

아인슈타인은
없다

권재술 지음

특별한서재

인간은 세상을 있는 그대로 보지 않고, 자신의 관념을 덧칠하면서 봅니다. 많이 볼수록, 많은 사람이 볼수록 그 덧칠은 점점 두꺼워집니다. 그러다 사물의 본모습은 사라지고, 덧칠한 모습만 남게 됩니다.

꽃이 아름다운 것도, 지렁이가 징그러운 것도 꽃과 지렁이의 참모습은 아닙니다. 인간이 칠한 덧칠일 뿐입니다. 지렁이는 정말로 징그러운 존재일까요? 참새에게 물어보세요. 그렇게 맛있는 먹이를 징그럽다고 하는 인간을 이해할 수 있을까요? 인간의 입에 자주 오르내리는 것일수록 덧칠의 두께는 두껍습니다.

우리가 아는 아인슈타인은 정말 아인슈타인이 맞을까요? 혹시 우리는 덧칠된 아인슈타인을 알고 있는 것은 아닐까요? '아인슈타인' 하면 떠오르는 말이 있습니다. 천재, 유대인, 바람둥이, 심지어는 바보라는 수식어까지 따라다닙니다. 이것이 아인슈타인의 참모습일까요? 아니면 아인슈타인에게 입혀진 덧칠일까요?

그리고 그 아인슈타인에게 칠해진 덧칠의 두께는 다른 과학자들보다 더욱 두껍습니다. 우리가 아는 아인슈타인은 이 덧칠된 모습일지도 모릅니다.

필자는 이 책을 통해서 아인슈타인의 참모습을 조금이라도 더 드러나게 하려고 노력했습니다. 물론 그렇게 한다고 아인슈타인에게 칠해진 두꺼운 덧칠을 다 벗길 수는 없습니다. 어떻게 보면 필자는 한 가지 덧칠을 벗기고 또 다른 덧칠을 했을지도 모릅니다. 그래도 여러분이 알고 있었던 아인슈타인이 아인슈타인의 참모습이 아니었다는 사실을 깨닫는 데 어느 정도 도움이 될 수는 있을 것입니다.

필자는 이 책을 집필하면서 내가 알고 있었던 아인슈타인도 많은 부분 덧칠이었다는 사실을 깨닫게 되었습니다. 막연하게 생각해 왔던 아인슈타인이 좀 더 구체적으로 다가왔고, 생각했던 것보다 아주 매력적인 인간으로 느껴졌습니다. 위대한 과학자라는 울타리를 넘어서 약자에 대한 배려, 인종과 민족을 초월한 세계 평화주의, 사물을 보는 순수한 정신에 매료되었습니다.

아인슈타인은 위대한 과학자입니다. 하지만 그 위대함이 일반적으로 알려진 것처럼 그의 천재성에 있는 것이 아니라, 사물을 보는 아인슈타인만의 순수한 정신에 있다는 사실이 필자를 감동하게 했습니다. 아인슈타인의 천재성은 물려받은 것이라 우리가 배울 수는 없지만, 사물을 보는 그의 순수한 정신은 우리가 배울 수 있습니다. 순수함은 권위에서 벗어날 수 있는 용기에서 옵니다.

우리가 사물을 제대로 이해하지 못하는 것이나, 사람·민족·국가 간에 생기는 많은 갈등도 대부분 순수성의 결여 때문입니다. 우리가 아인슈타인처럼 정신적 순수성을 회복한다면, 사물을 좀 더 있는 그대로 볼 수 있을 것이고 세상은 좀 더 평화로워질 것입니다.

이 책은 세 장으로 구성되어 있습니다. 아인슈타인은 위대한 과학자이기 전에 우리와 같은 인간입니다. 첫 두 장에서는 인간 아인슈타인과 과학자 아인슈타인의 모습을 그려 보았습니다. '인간 아인슈타인'에서는 일반인들의 편견을 바로잡고, 아인슈타인의 인간적인 삶의 모습을 알 수 있도록 했습니다. '과학자 아인슈타인'에서는 아인슈타인이 세상을 보는 시각과 과학적 발견의 과정에서 겪었던 우여곡절을 알 수 있도록 했습니다.

마지막 장에서는 아인슈타인의 핵심적 과학 이론을 다루었습니다. 아인슈타인의 과학 이론은 너무나 방대하고, 그 내용 또한 일반인이 이해하기에는 어렵습니다. 하지만 그 이론을 만든 아인슈타인의 생각조차도 어렵고 복잡했던 것은 아닙니다.

이 책에서는 아인슈타인의 이론 자체보다 그 이론을 만들게 된 아인슈타인의 생각을 만날 수 있게 하는 데 목적을 두었습니다. 특히 시공간의 변환에 대한 상대론은 일반인은 물론 중고등학교 학생들도 이해할 수 있도록 쉽게 설명했습니다. 몇 가지 수학적인 표현을 사용하기는 했지만, 수식은 설명을 위한 보조 수단일 뿐이고 그 자체가 그렇게 중요한 것도 아닙니다. 수학식이 부담스러우면 무시하고 읽어도 크게 문제 될 것은 없습니다.

하지만 여러분이 과학이나 수학을 좋아하는 중고등학생이라면, 마지막 장인 '아인슈타인의 과학'만 읽어도 좋습니다. 과학의 시야가 넓어지고, 세상을 보는 안목이 달라질 것입니다.

부디 이 책을 통해서 여러분이 아인슈타인에 대한 편견에서 벗어나 그의 참모습을 만날 수 있기를 바랍니다. 아울러 모든 권위로부터 자유로웠던 아인슈타인의 순수한 정신을 만나고, 그가 발견한 우주의 진정한 의미를 공유하고, 그가 헌신했던 세계 평화를 위한 열망에 동참할 수 있기를 기대합니다.

2024년 봄
臺下齋에서
권재술

제2장　　　　　　　　　　　　　　과학자 아인슈타인

| 제3장 | 아인슈타인의 과학 |

제1장

인간 아인슈타인

아인슈타인,
천재일까 바보일까?

사람들이 생각하는 아인슈타인은 존재하지 않습니다. 여러분의 머릿속에 있는 아인슈타인은 진짜 아인슈타인이 아닙니다. 사람들이 만들어 낸 가짜 아인슈타인일 뿐입니다. 그런 아인슈타인은 없습니다.

아인슈타인은 『미국에 대한 나의 첫인상』이라는 에세이에서 "사람들이 자신이 그러리라고 생각하고 있는 능력과 자신의 실제 역량 사이, 즉 자기 자신인 것과 자신일 수 있는 것 사이에는 큰 모순이 존재한다."[*]라고 했습니다. 이 말은 무슨 의미일까요? 자신은

---

[*] 알베르트 아인슈타인 지음, 박상훈 옮김, 『나는 세상을 어떻게 보는가』, 한겨레, 1990, p. 57.

미국 캘리포니아주에 있는 윌슨산 천문대에 방문한 아인슈타인(1931년)

사람들이 생각하는 그런 사람이 아니라는 뜻입니다.

아인슈타인에게는 천재와 지진아라는 상반되는 두 가지 딱지가 붙어 다닙니다. 아인슈타인은 천재가 맞지만, 가장 위대한 천재였다는 것은 상당히 과장된 말입니다. 마찬가지로 아인슈타인이 지진아였다는 이야기도 있습니다. 이것도 상당히 과장된 말입니다. 그렇다면 진실은 무엇일까요?

먼저 아인슈타인은 정말 지진아였을까요?

아인슈타인은 언어 발달이 느렸습니다. 하지만 어릴 때부터 언어 영역을 제외한 다른 모든 영역에서는 뛰어난 재능을 보였습니다. 수학은 더욱 그러했습니다. 피타고라스의 정리를 처음 배우고 나서는 그것을 증명하는 자신만의 독특한 방법을 창안했으며, 12세에는 독학으로 유클리드 기하학과 미적분을 이해했습니다. 따라서 아인슈타인을 지진아라고 말하는 것은 문제가 있습니다.

언어 발달이 느렸던 것은 사실이지만, 그것도 자신의 생각을 표현할 말을 아직 배우지 못했기 때문이 아니었을까요? 사고 능력의 발달이 언어 발달을 앞섰기 때문이 아닐까요? 말은 중요한 의사소통 수단이기는 하지만 완전한 것은 아닙니다. 생각을 깊이 하는 사람은 자신의 생각을 표현할 말을 찾기가 쉽지 않습니다. 언어는 많은 사람이 공통으로 하는 생각을 대변하는 수단이지, 자신만의 독특한 생각을 표현하기에는 다소 부족할 수도 있는 장치입니다.

예를 들어, 어린 아인슈타인이 자석이 쇠붙이를 끌어당기는 현상을 보고 신비한 생각에 젖어 있었다고 합시다. 아직 여러 어휘를 배우지 못한 어린아이가 텅 빈 공간을 통해서 힘이 전달되는 현상에 궁금한 마음이 생겼다고 합시다. 보통 아이들 같으면 자석에 이런저런 물체를 붙여 보면서 재미있게 놀았을 것입니다. 하지만 아인슈타인은 그냥 놀기만 한 것이 아니라 자석의 본질에 대해서 의문을 품었습니다.

그런데 어린아이가 그런 궁금증을 표현할 적당한 언어를 찾을 수 있었을까요? 어떻게 자신의 생각을 말로 표현할 수 있었을까요? 인생이 무엇이냐고 묻는 사람에게 스님이 그냥 먼 산을 가리킬 수밖에 없는 것과 같은 그런 상태가 아니었을까요? 아인슈타인의 느린 언어 발달은 지진아의 모습이었다기보다는 오히려 그의 천재성이 역설적인 모습으로 나타난 것이 아니었을까요?

아인슈타인이 학교에 잘 적응하지 못한 이유는 주입식 교육을 참지 못하는 그의 성격 때문이기도 했습니다. 아인슈타인은 선생님이 대답하기 어려운 엉뚱한 질문을 잘했을 뿐만 아니라, 권위적인 모든 것을 싫어했기 때문에 선생님을 존경하는 마음도 별로 없었습니다. 그래서 대부분 선생님은 아인슈타인을 불편해했습니다.

이렇게 볼 때 아인슈타인은 늦은 언어 발달과 형식적인 교육을 싫어하는 성품 때문에 학교 교육에 잘 적응하지 못했고, 이로 말미암아 지진아라는 잘못된 소문이 나지 않았을까 생각합니다.

그렇다면 아인슈타인은 천재였을까요?

아인슈타인의 천재성은 다양한 영역에서 나타났습니다. 특히 시간과 공간의 절대성에서 벗어난 것은 천재성을 넘어서서 위대한 인간 정신의 단면을 말해 주고 있습니다.

그런데도 아인슈타인이 다른 위대한 과학자들보다 더 뛰어난 천재였다고 말하기는 어렵습니다. 수학자이자 논리학자 쿠르트 괴델Kurt Gödel, 1906-1978만 해도 그렇습니다. 아인슈타인은 괴델을 존경했고, 그와 함께 프린스턴 대학교의 교정을 걷는 것이 가장 행복하다고 밝히기도 했습니다. 천재성을 기이한 행동에서 찾는다면, 아인슈타인은 괴델 근처에도 가기 힘듭니다.

이런 일화도 있습니다. 역사상 가장 위대한 논리학자로 일컬어지는 괴델이 미국 시민권을 얻기 위해서 판사 앞에 섰을 때입니다. 판사가 "미국이 나치와 같은 독재 국가가 될 가능성이 있는가?"라고 묻자, 그는 "그럴 가능성이 있다."라고 답하며 자신이 미국 헌법을 논리적으로 분석한 결론이라고 말했습니다. 아인슈타인은 괴델이 시민권을 부여받기 위한 재판에서 이런 일이 일어날 것을 우려해 사전에 괴델에게 미국 헌법의 그런 문제점을 절대 말하지 말라고 타일렀지만 허사였습니다. 오히려 판사가 괴델의 말을 막아내 가까스로 시민권이 부여되었습니다. 아인슈타인은 그 정도로 현실 감각이 없는 천재는 아니었습니다.

아인슈타인이 상대론을 만들었다고 하지만, 길이의 수축이나 시간의 팽창 같은 현상은 조지 피츠제럴드George Francis FitzGerald, 1851-1901가 이미 계산했고, 아인슈타인이 존경했던 헨드릭 로런츠

Hendrik Antoon Lorentz, 1853-1928는 특수 상대론을 수학적으로 거의 완벽하게 표현한 소위 로런츠 변환식을 만들었습니다.

이외에도 수학자 카를 프리드리히 가우스Carl Friedrich Gauss, 1777-1855, 인도의 천재 수학자 스리니바사 라마누잔Srinivasa Ramanujan, 1887-1920, 물리학의 신동이라는 리처드 파인먼Richard Phillips Feynman, 1918-1988 등 수없이 많은 천재가 있습니다. 물론 천재의 우열을 가릴 방법은 없지만, 아인슈타인이 이들보다 더 뛰어난 천재인 것은 아닙니다.

일반적으로 위대한 인물은 그를 잘 알지 못하는 일반 사람들에게 많이 알려지기 마련입니다. 사람들은 그에 대해서 제대로 알지도 못하면서 이상한 편견을 가지게 되고, 이 편견이 또 다른 편견을 만들어 내면서 확대 재생산 과정을 거치게 됩니다. 아인슈타인의 천재성도 이런 전형적인 사례에 속합니다. 아인슈타인에 관한 작은 에피소드도 확대되어 그것이 정말로 아인슈타인의 일반적인 모습인 양 잘못 전달되었던 것입니다. 아인슈타인이 천재였다거나, 그 반대로 학습 지진아였다거나, 아니면 아주 현실 감각이 떨어져 천진난만했다거나, 심지어 바보였다거나 하는 의견도 과장된 것입니다.

진짜 아인슈타인을 안다는 것은 불가능합니다. 사람들의 머릿속에 있는 아인슈타인과 진짜 아인슈타인 사이에는 깊은 골이 존재합니다. 이 골을 완전히 메울 방법은 없습니다. 진짜 아인슈타인은 사라지고 가짜 아인슈타인만 세상을 돌아다닙니다. 천재도 아니고 바보도 아닌 인간 아인슈타인은 사라지고, 천재 아인슈타인과 바보 아인슈타인만 돌아다닙니다.

아인슈타인은 정말 '게으른 개'였을까?

아인슈타인은 어릴 때 학교생활에 잘 적응하지 못했습니다. 그 이유는 두 가지였는데, 하나는 아인슈타인 자신의 문제이고 다른 하나는 교육 방법의 문제였다고 생각합니다.

아인슈타인은 또래의 다른 아이들보다 언어 발달이 늦었습니다. 또한 그는 친구들과 어울리기보다는 혼자서 무엇을 만들고 생각하기를 좋아했습니다. 어떤 면에서는 매우 까칠한 성격이었습니다. 선생님에게 고분고분하지 않았으며, 선생님이 가르치는 대로 따라 하는 것이 아니라 자기 나름의 독특한 방법을 찾아내기를 좋아했습니다.

아인슈타인은 화가 났을 때 말이 빨리 나오지 않아서 얼굴이 하얗게 변하기도 했고, 가정 교사에게 물건을 집어 던지기까지 했습니다. 어떤 선생님은 아인슈타인이 있으면 자신이 형편없는 인간이라는 생각이 든다고 말하기도 했습니다. 이런 학생을 좋아할 선생님은 많지 않았을 것입니다.

사람들은 아인슈타인이 천재였으니 별로 힘들이지 않고 위대한 발견을 했을 것으로 생각할지 모르나, 실제 아인슈타인은 집념이 대단했습니다. 탑 쌓기 놀이를 할 때는 아무리 시간이 걸려도 포기하지 않고 끝까지 했으며, 당시 누구도 흉내 낼 수 없는 높이까지 쌓기도 했습니다. 상대론을 만들어 낼 때는 2층에 있는 서재에 올라가서 2주 동안 내려오지 않으면서 아내가 올려다 주는 밥을 먹으며 몰두했습니다. 아무리 천재라고 하더라도 노력 없이 어떤 성과를 만들어 내기는 어렵습니다. 아인슈타인도 예외는 아니었습니다.

하지만 아인슈타인은 자신이 좋아하는 일에는 몰두해도 좋아하지 않은 일에는 관심을 두지 않았습니다. 특히 그는 주입식 학습이나 엄격한 규율에 얽매이는 것을 극도로 싫어했습니다.
취리히 연방 공과대학교의 헤르만 민코프스키Hermann Minkowski, 1864-1909 교수의 강의가 그중 하나였습니다. 민코프스키는 나중에 상대론을 그래프로 변환하는 소위 '민코프스키 다이어그램'을 만들어 낸 유명한 수학자이기도 했습니다. 하지만 아인슈타인은 그의 강의를 싫어했고, 수업을 빼먹기 일쑤였습니다. 기말시험이 다가

취리히 연방 공과대학교의
수학 교수였던 민코프스키(1896년)

오면 친구 마르첼 그로스만Marcel Grossmann, 1878-1936의 노트를 빌려서 공부해 겨우 시험에 통과했습니다. 민코프스키는 이러한 아인슈타인을 '게으른 개'라고 불렀습니다.

취리히 연방 공과대학교의 프리드리히 베버Heinrich Friedrich Weber, 1843-1912 교수는 아인슈타인이 아주 좋아했던, 몇 안 되는 교수 중 한 사람이었습니다. 하지만 아인슈타인은 베버 교수가 마음에 안 들면 여지없이 비판하곤 했습니다. 두 사람은 처음에는 사이가 매우 좋았지만, 나중에는 서로 증오하는 관계가 되었습니다. 이 때문에 아인슈타인은 이후 이 대학교의 조교 자리를 구하는 것조차 불가능하게 되었습니다.

이처럼 어떤 권위도 인정하지 않는 아인슈타인의 성격은 학교 생활에서 여러 가지 문제를 일으켰고, 이후 그가 직업을 구할 때 나쁜 요인으로 작용했습니다.

참 아이러니하지 않나요? 아인슈타인을 '게으른 개'라고 불렀던 민코프스키가 아인슈타인의 상대론을 이용한 민코프스키 다이어 그램을 만들어 냈다는 것이 말입니다. 민코프스키 다이어그램은 매우 독특하고 상대론을 이해하기 위해서 사용하는 매우 재미있 는 방법이기는 하지만, 어디까지나 상대론의 변형된 표현 방식일 뿐이지 새로운 이론이라고 할 수는 없습니다.

필자는 민코프스키가 아인슈타인의 상대론을 보면서, 그리고 그것을 표현할 수 있는 기하학적인 방법을 모색하면서 아인슈타 인에 대해서 어떻게 생각했을지 매우 궁금합니다. 민코프스키는 자신이 '게으른 개'라고 불렀던 아이가 만든 이론의 뒤치다꺼리나 하는 자신을 보고 어떤 생각을 했을까요?

아인슈타인과 민코프스키를 보면 『성경』에 나오는 "먼저 된 자 나중 되고, 나중 된 자 먼저 된다."라는 말이나 "굴러온 돌이 박힌 돌 뺀다."라는 속담이 생각납니다. 그런데 민코프스키는 대단하게 도 '게으른 개'의 아류가 되는 것을 부끄러워하지 않았습니다. '청출 어람青出於藍'을 제자가 아닌 스승이 받아들이기는 쉽지 않습니다. 제자의 제자가 되는 것을 마다하지 않은 민코프스키도 분명 위대 한 인물입니다.

아인슈타인의
뇌는 특별했을까?

아인슈타인의 뇌를 직접 본다면 어떤 생각이 들까요? 이 세상에서 가장 천재라고 일컬어지는 아인슈타인의 뇌는 어떻게 생겼을까요?

여러분이 원한다면 1,230g인 아인슈타인의 뇌를 볼 수 있습니다. 아인슈타인의 뇌는 펜실베이니아 대학교의 토머스 하비Thomas Stoltz Harvey, 1912-2007 교수의 집도하에 추출되어 국립 보건 의학 박물관National Museum of Health and Medicine에 보관되었다가, 여러 우여곡절 끝에 현재는 미국 필라델피아의 뮈터 박물관Mütter Museum에 소장되어 있습니다.

아인슈타인의 뇌에 대해서는 해부학적으로 많은 연구가 이루어졌고 몇 가지 특징이 지적되기도 했지만, 결론적으로 말하면 해부학적으로 보통 사람과 특별히 다른 점을 찾지 못했습니다. 인간의 사고가 뇌의 생물학적 구조보다 더 깊은 기능적 작용이기 때문일 것입니다.

사람의 뇌는 좌뇌와 우뇌로 되어 있습니다. 이 두 뇌는 기능이 아주 다릅니다. 좌뇌는 논리, 우뇌는 감정을 지배합니다. 같은 맥락에서 좌뇌는 분석적·언어적·시간적 사고, 우뇌는 종합적·비언어적·공간적·시각적 사고를 지배합니다. 좌뇌가 텍스트적인 사고를 한다면, 우뇌는 컨텍스트적인 사고를 한다고 할 수 있습니다.

뇌의 이러한 두 기능은 인간의 생존과 사고 과정에 모두 필요하며, 어느 기능이 더 중요하다고 말할 수 없습니다. 사람에 따라 좌뇌가 더 발달한 사람도 있고, 우뇌가 더 발달한 사람도 있습니다.

그렇다면 아인슈타인의 뇌는 어땠을까요?

우선 해부학적으로 밝히기는 쉽지 않습니다. 하지만 아인슈타인이 살아 있을 때 한 일들을 보면, 아인슈타인 뇌의 특성을 미루어 짐작할 수 있습니다.

앞에서 언급한 것처럼 아인슈타인은 언어 발달이 느렸습니다. 3세가 될 때까지 말을 잘하지 못했으며, 그 후에도 말하려고 할 때마다 말이 잘 나오지 않아서 입안에서 몇 번이나 오물거리며 연습한 후에 말하곤 했습니다. 아인슈타인의 부모는 몹시 걱정하며 의사를 찾아가기도 했고, 아인슈타인의 여동생 마야는 오빠가 결국 말을 하지 못하게 될까 봐 염려했습니다.

아인슈타인의 언어적 문제는 결국 뇌의 특성에 기인한 것이 아니었을까요? 언어 중추는 좌뇌에 있으므로 아인슈타인은 좌뇌 발달에 문제가 있었던 것이 아니었을까요? 서번트 증후군 환자들을 보면 뇌의 특정 부위가 비정상적으로 발달하고, 다른 기능은 발달하지 못한 경우가 많습니다. 혹시 아인슈타인의 뇌도 우뇌가 더 발달하면서 좌뇌의 발달이 위축된 것은 아니었을까요?

실제로 아인슈타인은 언어적으로 생각하기보다는 그림으로 생각하는 경향이 있었습니다. 아인슈타인은 훗날 어느 심리학자에게 "나는 언어를 통해서 생각하는 경우는 아주 드뭅니다. 생각이 떠오르고 난 후에야 그것을 말로 표현하려고 노력합니다."[*]라고 말했습니다. 이것은 전형적인 우뇌적 특성입니다. 여러 사실을 종합해 본다면, 아인슈타인은 우뇌가 뛰어난right brain dominant 사람이었다는 결론을 내릴 수 있습니다.

아인슈타인이 특수 상대론을 만들고 그것을 설명하는 과정을 보면, 아인슈타인의 머릿속에는 항상 실제 상황이 그림처럼 돌아가고 있었다는 것을 알 수 있습니다. 그는 거울을 들고 빛과 같이 달리는 상황을 상상했습니다. 사람이 빛의 속도로 달린다면 얼굴에서 나온 빛은 얼굴을 떠나지 못하고 그 자리에 멈춰 있을 것입니다. 빛이 정지해 있다면 거울에서 빛이 반사할 수 없으니 거울 앞

---

[*] Walter Isaacson, *Einstein: His Life and Universe*, Simon & Schuster UK Ltd, 2017, p. 9.

에 있어도 자신의 얼굴을 보지 못하는 황당한 상황이 펼쳐질 것입니다. 아인슈타인은 이미 어릴 때 이러한 시각적 사고를 했습니다. 그 외에도 나중에 설명하겠지만, '아인슈타인의 기차'나 '아인슈타인의 엘리베이터'는 그가 상대론을 만드는 과정에서 사용했던 유명한 사고 실험들입니다.

이런 사례들로 미루어 보면, 아인슈타인은 좌뇌보다 우뇌가 더 발달했다고 볼 수 있습니다. 이러한 우뇌적 특징은 아인슈타인의 사고가 어느 작은 부분에 매몰되어 있지 않고, 사물을 종합적이고 전체적으로 보도록 만들었을지 모릅니다. 시간과 공간이 절대적이라는 생각에 매몰되지 않고, 시간과 공간을 더 근본적으로 보았기 때문에 상대론을 발견할 수 있지 않았을까요? 아인슈타인이 평생 권위에 얽매이지 않고 편견 없는 사고를 할 수 있었던 것도 바로 우뇌적인 사고 덕분이 아니었을까요?

참 기막힌 일입니다. 한 세기를 떠들썩하게 했던 위대한 천재 과학자의 뇌가 초라하게 시험관 속에 들어 있다는 것이 말입니다. 시신을 함부로 다루지 않는 우리의 정서에서 보면 말도 안 되는 일입니다. 아인슈타인의 뇌가 잘려서 시험관 속에 있다는 것은 우리가 보기에 너무 불경스럽습니다. 이것을 통해서 인생의 허무함을, 나아가 모든 위대함의 허무함을 보는 듯한 느낌입니다. 아인슈타인의 뇌는 초라한 모습으로 남아 있지만, 그 뇌가 만든 상대론과 사상들은 섬광처럼 찬란하게 세상을 비추고 있습니다.

아버지의 나침반과 어머니의 바이올린

한갓 놀이 기구에 불과한 나침반과 바이올린. 이 두 가지는 아인슈타인에게 운명이 되었습니다.

아인슈타인의 아버지는 아인슈타인에게 나침반을 선물했고, 비슷한 시기에 그의 어머니는 바이올린을 선물했습니다. 전기 회사를 운영하는 아버지와 훌륭한 피아니스트이기도 했던 어머니의 입장에서는 참 잘 어울리는 선물이었습니다.

나침반은 흔히 볼 수 있는 장난감에 불과합니다. 하지만 이것은 전자기학의 상징적인 물건이기도 합니다. 어떻게 보면 자석은 제임스 맥스웰James Clerk Maxwell, 1831-1879의 전자기 이론을 총체적으로 담고 있는 물건이라고 할 수 있습니다. 맥스웰의 전자기 이론은

아인슈타인의 아버지인
헤르만 아인슈타인

아인슈타인의 어머니인
파울리네 코흐 아인슈타인

전기 이론과 자기 이론을 통합한 최초의 통일장 이론입니다. 그런데 그 속에 맥스웰도 모르는 사이에 특수 상대론이 들어 있었던 것입니다.

이렇게 보면 나침반은 아인슈타인이 만들어 낸 상대론과 평생을 바쳐 완성하려고 했으나 실패한 통일장 이론이 모두 녹아 있는 대단한 물건입니다. 그런데 아인슈타인의 아버지는 나침반의 이 어마어마한 비밀을 알고 사 주었을까요? 아인슈타인의 아버지는 전기 공학자였지만, 자석의 깊은 물리학적 의미까지 알기는 어려웠을 것입니다. 우연히 받은 선물, 하지만 우연이라기에는 이렇게 기막힌 우연이 어디 있을까요?

지금부터 나침반을 본 아인슈타인의 태도에 주목해 봅시다. 나침반은 탐험가들이 길을 찾을 때 사용하는 도구이기도 하고, 아이들의 장난감이기도 합니다. 아인슈타인의 아버지가 왜 이것을 선물로 사 주었는지 알 수는 없지만, 전기 회사를 운영하던 아인슈타인의 아버지는 자석의 성질을 잘 알고 있었을 것입니다. 아마 무의식중에서라도 자석의 신비한 속성을 알고 아인슈타인이 그런 신비함을 즐겼으면 하는 마음으로 사 주었는지도 모릅니다. 하지만 그 정도였지, 어린 아인슈타인의 생각이 자기력의 신비에까지 미칠 것이라고는 생각하지 못했을 것입니다.

그런데 아인슈타인은 달랐습니다. 자석을 보고 그냥 재미있다고만 생각한 것이 아니라 자기력의 신비에 이끌려 놀라운 마음으로 그것에 몰입했습니다. 정말 놀라운 일이 아닙니까? 자석 바늘이 움직이는 '현상'은 누구나 볼 수 있고 재미있어할 만한 것입니다. 하지만 보이지 않는 추상적인 '힘'의 신비함에 이끌린다는 것은 차원이 다른 문제입니다.

필자도 아인슈타인을 생각하면서 손자에게 나침반을 사 주고, 손자의 행동을 가만히 관찰해 보았습니다. 당연히 재미있어하고 여러 가지 놀이를 하면서 좋아하기는 했지만, 나침반 바늘이 움직이는 신비한 힘의 존재를 눈치채거나 궁금해하는 것 같지는 않았습니다.

대부분 아이는 어떤 현상을 보며 즐거워하고, 그것을 이용해서 여러 가지 놀이를 합니다. 하지만 그 현상의 원인에 대해서 궁금해하는 아이는 아주 드물 것입니다. 그런 면에서 아인슈타인은 타고 난 특별한 사고 능력이 있지 않았나 생각해 봅니다.

나침반이 아인슈타인의 지적 운명이었다면, 어머니가 사 준 바이올린은 아인슈타인의 정서적 운명이었다고 할 수 있습니다. 아인슈타인은 어머니가 사 준 바이올린을 통해서 모차르트의 음악을 접하게 되었습니다. 모차르트의 음악은 아인슈타인이 힘들 때 위안이 되어 주었을 뿐 아니라 아인슈타인을 우주의 심연 속으로 이끄는 안내자 역할을 하기도 했습니다.

어떤 악기이든지 그것을 잘 다루기까지는 매우 어려운 연습 과정이 필요합니다. 아인슈타인은 어릴 때부터 강압적이거나 기계적인 학습을 극도로 싫어했습니다. 그런 아인슈타인이 어떻게 힘든 연습 과정을 견뎌 냈을까요?

아인슈타인이 아무리 천재라고 해도 반복 연습을 하지 않고 저절로 바이올린을 켤 수는 없었을 것입니다. 아인슈타인이 어떤 과정을 거쳐서 바이올린을 익혔는지 기록이 없어 자세히 알 수는 없습니다. 어머니가 학원에도 보내고 연주회에도 자주 데리고 갔다고는 하지만, 연습 과정에서 보인 아인슈타인의 태도에 대해서는 기록이 제대로 남아 있지 않습니다.

필자의 추측이기는 합니다만, 아인슈타인은 바이올린을 배우면서 상당히 빨리 음악에 매료되었을 것입니다. 그러지 않고서는 반복 연습을 극도로 싫어하는 아인슈타인이 바이올린 연습을 계속

하기 힘들었겠지요. 아인슈타인은 집념이 강한 아이였기에 일단 매료가 되고 나면 힘든 연습도 어렵지 않게 견뎌 낼 수 있었을 것입니다.

아인슈타인이 구체적으로 음악의 어떤 점에 매료되었는지는 알 수 없습니다. 하지만 아인슈타인이 어른이 되어서 말한 것을 보면, 그는 모차르트 음악의 아름다움에 일찍 매료되었던 것 같습니다. 모차르트 음악의 아름다움과 자연의 아름다움은 비슷한 점이 있습니다. 자연은 복잡하지만 그 내면에는 단순함이 존재합니다. 모차르트의 음악도 마찬가지입니다. 아인슈타인은 이러한 모차르트 음악의 단순함에 매료된 것이 아니었을까요?

지금까지 살펴본 것처럼 나침반은 아인슈타인의 과학에, 바이올린은 아인슈타인의 정서에 지대한 영향을 끼쳤고, 이 두 가지는 아인슈타인의 인생에 지울 수 없는 흔적을 만들었습니다. 하지만 나침반과 바이올린을 자식에게 선물로 준 사람이 어디 아인슈타인의 부모뿐이었을까요?

같은 선물이라도 어떤 아이에게는 잠시 가지고 놀다 버리는 물건이 되기도 하지만, 어떤 아이에게는 인생을 바꾸어 놓는 운명이 되기도 합니다.

아인슈타인과 음악

이상하게도 위대한 물리학자 중에는 음악에도 뛰어난 재주를 보이는 인물이 많습니다. 물리학의 신동이라고 하는 파인먼도 그랬습니다. 그는 타악기인 봉고를 아주 잘 연주했습니다. 파인먼에게 봉고가 있었다면 아인슈타인에게는 바이올린이 있었습니다. 둘다 아마추어 수준이 아니라 거의 프로 수준이었던 것 같습니다. 음악과 과학은 어떤 면이 서로 닮아 있는 것일까요?

아인슈타인은 음악적인 소양을 타고나기도 했던 것 같습니다. 어느 지역 교회에서 열린 음악회에서 아인슈타인이 바흐의 작품을 연주했습니다. 그러자 한 사람이 그에게 박자를 세면서 연주하느냐고 물었습니다. 이에 아인슈타인은 "아닙니다. 박자는 내 핏속에서 흐르고 있습니다."라고 대답했습니다. 아인슈타인은 절대 음

바이올린을 연주하고 있는 아인슈타인(1927년)

감을 타고난 것이 아니었을까요? 타고난 소질이 없는 것에 심취하기는 어렵고, 그것을 평생 친구로 삼을 수도 없었을 테니까요.

아인슈타인의 어머니는 주로 모차르트를 연주하는 저녁 음악회를 자주 열었습니다. 이 음악회에서 어머니는 피아노를 연주하고, 아인슈타인은 바이올린을 연주했습니다. 아인슈타인은 때로는 바이올린 활로 악보를 가리키면서 어머니의 실수를 지적하기도 했습니다.

아인슈타인은 강압적인 교육을 극도로 싫어했지만, 이렇게 바이올린에 심취하는 경지까지 이르게 된 데에는 그의 태생적인 집착력도 한몫했을 것입니다. 아인슈타인은 어릴 때부터 어떤 문제를 해결하는 과정에서 대단한 집착력을 보였습니다. 이런 집착력이 어려운 바이올린을 배울 수 있도록 했을지도 모릅니다. 아인슈타인은 타율적인 반복 연습을 극도로 싫어했지만, 자신이 해결하기를 원하는 과제에는 시간 가는 줄 모르고 몰입했습니다.

음악은 아인슈타인에게 우주의 조화를 들려주는 소리였으며, 언어 이상의 말이었습니다. 그는 음악과 물리학 모두 조화와 아름다움을 공유하고 있다고 생각했습니다. 특히 모차르트의 음악에서 이런 조화를 보았습니다.

다음과 같은 일화도 있습니다. 어느 날 아인슈타인이 하숙집에 있는데, 어디선가 모차르트의 피아노 소나타를 연주하는 소리가 들려왔습니다. 그는 옷도 제대로 입지 않은 채 바이올린을 집어 들고 뛰쳐나갔습니다. 잠시 후, 피아노 소리와 함께 바이올린 소리도 거리에 울려 퍼졌습니다.

아인슈타인은 어떤 문제가 해결되지 않아 어려움에 부닥쳤을 때 바이올린을 연주했습니다. 바이올린을 연주하다가 어떤 아이디어가 떠오르면 서재로 달려가 문제를 해결하곤 했습니다. 아인슈타인에게 음악은 깊은 사고의 경지로 안내하는 길잡이 역할, 어떤 아이디어의 촉매 역할을 했다고 볼 수 있습니다.

아인슈타인이 음악가에 관해서 평한 것을 보면, 그의 음악적 깊이와 폭을 짐작할 수 있습니다. 그는 "베토벤은 스스로 자신의 음악을 창조했지만, 모차르트의 음악은 너무나 순수해서 우주에 본

래부터 존재했던 것처럼 보인다."*라고 말했습니다. 아인슈타인은 모차르트와 바흐의 음악은 건축학적 구조로 되어 있어서 자신의 결정론적 과학관과 통한다고 생각했습니다. 그래서 베토벤보다는 바흐가 더 좋다고 했습니다. 슈베르트에 대해서는 '감정을 표현하는 최상의 능력'에 감탄했으며, 헨델은 깊이가 얕다고 평했습니다. 또한 멘델스존은 재능은 있지만 깊이가 없고, 바그너는 건축학적 구조가 부족하며, 슈트라우스는 천재이지만 내적인 진정성이 없다고 평하기도 했습니다.

음악과 물리학. 도무지 공통점이 있을 것 같지 않은 이 두 가지가 아인슈타인에게는 너무 잘 어울리는 반려자였습니다. 직선의 두 끝은 휘어진 공간에서 서로 만나듯이 다름이 극에 달하면 결국 같아지는 것이 아닐까요? 사랑과 미움이 동전의 양면이듯 예술과 과학, 이 두 가지는 아주 다른 것 같지만 사실은 하나일지도 모릅니다. 아인슈타인은 그 양 끝이 만나서 하나가 되는 것을 보았던 것일까요? 아니면 하나가 되는 지점에 서 있었던 것일까요?

---

* Walter Isaacson, *Einstein : His Life and Universe*, Simon & Schuster UK Ltd, 2017, p. 38.

아인슈타인은
바람둥이였을까?

모든 인간은 다중적입니다. 따라서 한 인간을 온전히 이해하기는 힘듭니다. '그는 이런 사람이야!'라고 단정하는 순간 실수하는 것입니다. 마찬가지로 아인슈타인도 어떤 인간이라고 단정할 수 없습니다.

우주를 대하는 아인슈타인의 모습과 여자를 대하는 아인슈타인의 모습에서 공통점을 찾기는 쉽지 않습니다. 여기 과학자 아인슈타인이 있고, 또 여기 여자를 사랑하는 인간 아인슈타인이 있습니다. 이 두 아인슈타인은 한 몸이지만 다른 사람입니다.

아인슈타인은 여자들에게 매력적인 남자였던 것 같습니다. 헝클어진 머리, 뛰어난 유머 감각, 상식을 벗어난 행동 등이 여자들에게 매력적으로 보였을까요? 아인슈타인의 한 친구는 "자석이 철가루를 끌듯 여성들을 끌어당겼다."*라고 했습니다. 한 사람의 매력이라는 것은 너무 미묘해서 당사자도 끌리는 까닭을 말로 표현하지 못하는 경우가 많습니다. 그만큼 다양한 요소가 복합적으로 얽혀서 매력을 만들어 내기 때문이 아닐까요?

지금부터 아인슈타인의 여인들에 대해서 살펴보기로 합시다.

마리 빈텔러

아인슈타인의 첫 애인은 마리 빈텔러Marie Winteler, 1877-1957였습니다. 아인슈타인은 취리히 연방 공과대학교 입학에 실패하고, 취리히에서 조금 떨어진 아라우에 있는 한 고등학교Argovian Cantonal School에 다녔습니다. 그는 이 학교에서 역사를 가르치던 빈텔러 가족의 집에 들어가서 살게 되었습니다. 마리의 아버지 요스트 빈텔러Jost Winteler, 1846-1929는 독일의 군국주의를 극도로 싫어했고, 정치적으로는 이상주의자였습니다. 빈텔러 가족의 이런 성향은 아인슈타인과 잘 맞았고, 아인슈타인의 세계 평화주의와 민주적 사회주의 사상의 형성에 큰 역할을 했습니다.

외톨이 성향이었던 아인슈타인은 빈텔러 가족의 보살핌 속에서 매우 행복하게 학교생활을 했습니다. 더구나 그 집 딸인 마리와 사

---

* Matthew Stanley, *Einstein's War*, Penguin Books, 2019, p. 17.

랑에 빠졌습니다. 하지만 아인슈타인이 취리히 연방 공과대학교
에 들어간 후 빈텔러 가족과 떨어져 살게 되면서, 두 사람의 사랑
은 점점 시들기 시작했습니다.

두 사람의 사랑은 마리에 의한 거의 일방적인 사랑이었던 것 같
습니다. 마리가 아인슈타인을 얼마나 열렬히 사랑했는지는 마리
의 편지에 잘 나타나 있습니다. 마리가 근무하는 학교에는 알베르
트라는 이름을 가진 학생이 있었습니다. 마리는 그 아이를 보면서
아인슈타인을 떠올렸고, 그 아이를 각별하게 생각했습니다. 이 점
만 보아도 마리가 아인슈타인을 얼마나 사랑했는지 알 수 있습니
다. 마리는 아인슈타인의 마음을 돌리기 위해서 아인슈타인의 어
머니에게도 매달려 보았지만 허사였습니다. 아인슈타인도 마리를
설득하는 것이 어렵다고 판단해서 마리의 어머니에게 마리와 헤
어지겠다고 선언했습니다. 이렇게 아인슈타인의 첫사랑은 끝이
나게 됩니다.
　그런데 양쪽의 부모가 다 좋아했던 두 사람의 관계는 왜 파국을
맞았을까요? 아인슈타인은 빈텔러 가족으로부터 극진한 보살핌
을 받았고, 그는 마리의 아버지를 자신의 아버지처럼 생각했는데
말입니다. 이에 대한 기록을 찾기는 어렵습니다. 사람의 감정은 금
전적인 거래처럼 확실하게 문서로 만들 수 있는 것이 아니기 때문
에 진실을 밝히기는 어려울 것입니다.
　필자의 사견일 뿐이지만, 마리가 아인슈타인의 지적인 욕구를

충족시키지 못해서 두 사람이 헤어진 것은 아닐까요? 마리는 아름다운 여인이었지만, 아인슈타인은 이상주의자였습니다. 아인슈타인은 현실적인 문제보다는 철학적인 문제에 더 관심이 많았고, 돌이나 바위보다는 시간과 공간에 더 관심이 많았으며, 지구의 문제보다는 우주의 문제에 더 관심이 많았습니다. 그런 그였으니 여자와의 사랑에서도 어느 정도 지적인 교류가 있어야 했던 것은 아닐까요?

이런 일화도 있습니다. 아인슈타인의 동생 마야도 초대받은 빈텔러 가족 파티에서 아인슈타인은 마리에게 물리학에 관한 이야기를 하려고 했습니다. 하지만 물리학에는 전혀 관심이 없었던 마리는 아인슈타인이 무슨 말을 하면 알아듣지 못하는 프랑스어로 대답하곤 했습니다.

마리와 아인슈타인이 헤어지게 된 배경에는 밀레바 마리치 Mileva Marić, 1875-1948라는 인물도 있었습니다. 아인슈타인의 첫 부인이었던 밀레바는 아인슈타인의 동급생이었고, 마리와는 달리 물리학을 전공했을 뿐만 아니라 아인슈타인과 물리학에 관해서 토론하는 관계였습니다.

아인슈타인과 헤어진 마리는 한동안 정신적인 문제로 어려움을 겪었지만, 몇 년 후 알베르트 뮐러Albert Müller라는 시계 공장 관리인과 결혼했습니다.

비록 아인슈타인과 마리의 교제는 결혼에 이르지 못했지만, 두집안은 불가분의 관계를 맺게 됩니다. 아인슈타인의 여동생 마야는 빈텔러의 아들 파울Paul Winteler과 결혼해서 사돈지간이 되었고, 마리의 동생 안나는 아인슈타인의 절친한 친구 미셸 베소Michele Angelo Besso, 1873-1955와 결혼했습니다.

밀레바 마리치

아인슈타인은 취리히 연방 공과대학교에서 첫 부인이 된 밀레바를 만났습니다. 밀레바는 마리와는 달리 지적이고 야망이 컸습니다. 그는 수학과 물리학을 전공하는 여섯 명의 학생 중 유일한 여성이었습니다. 아인슈타인과 밀레바는 같이 물리학을 공부하면서 서로 사랑하게 되었습니다.

하지만 아인슈타인의 어머니는 밀레바를 좋아하지 않았습니다. 그래서 두 사람은 결혼에 이르기까지 힘든 과정을 거쳐야 했습니다. 아인슈타인의 어머니가 반대한 이유는 밀레바가 네 살이나 연상일 뿐만 아니라 세르비아계 출신이어서라고는 하나, 정확한 이유는 알 수 없습니다.

아인슈타인과 밀레바는 결혼 전인 1902년 초에 리제를Lieserl이라는 딸을 낳았다는 기록이 있습니다. 하지만 그 아이가 태어나서 어떻게 되었는지는 아무런 기록도 남아 있지 않습니다. 갓난아기일 때 죽었다는 것이 유력하고, 아인슈타인이 그 아기를 만났다는 기록도 없습니다.

밀레바와 아인슈타인(1912년)

두 사람 사이에는 한스Hans Albert Einstein, 1904-1973와 에두아르트 Eduard Einstein, 1910-1965라는 두 아들이 있었습니다. 둘 다 똑똑했지 만, 의사였던 둘째 아들 에두아르트는 정신병으로 병원에 입원해서 아인슈타인 부부를 매우 힘들게 했습니다. 첫째 아들 한스는 상당 히 유명한 토목 공학자로서 버클리 대학교의 교수가 되었습니다.

두 사람의 결혼 생활이 순탄치 못했던 이유는 밀레바의 강한 성 격과 아인슈타인의 관심사가 가정보다는 물리학에 있었기 때문이 기도 하지만, 더 중요한 이유는 아인슈타인의 바람기 때문이었다 고 봅니다. 아인슈타인은 베를린에 머무는 동안 사촌 동생 엘자와 사랑에 빠졌습니다. 두 사람의 사랑은 아인슈타인의 결혼 생활을 파국으로 몰고 갔고, 결국 아인슈타인과 밀레바는 이혼하게 됩니다. 이혼 조건으로 나중에 받게 될 노벨상 상금을 밀레바에게 주기로 했다는 것은 너무나 잘 알려진 사실이고, 실제로 그렇게 되었습니다. 이를 두고 상대론이 탄생한 데에 밀레바의 역할이 있었을 것이라는 설이 있지만, 상대론은 전적으로 아인슈타인의 독창적인 이론이었다는 것이 정설로 받아들여지고 있습니다.

밀레바와 아인슈타인의 결혼 생활이 얼마나 문제가 많았는지는 아인슈타인이 밀레바에게 요구한 결혼 생활 조건 명세에도 잘 나타나 있습니다.

> **A. 당신은 다음 사항을 지켜야 한다.**
> 1. 내 옷과 빨랫거리를 잘 정리할 것.
> 2. 세 끼 식사를 제시간에 내 방으로 가져올 것.
> 3. 내 침실과 서재를 깨끗하게 정돈하고, 특히 내 책상은 나만이 사용하는 것임을 명심할 것.
> **B. 사회적으로 필수적인 경우를 제외하고 나와의 모든 개인적인 관계를 포기한다. 구체적으로 말하면,**
> 1. 집에서 당신과 함께 앉아 있는 일.
> 2. 당신과 함께 외출하거나 여행을 하는 일.
> **C. 나와 당신 간의 관계에서는 다음 사항을 지켜야 한다.**
> 1. 나에게서 어떠한 친밀감도 기대하지 말고, 나를 어떤 식으로든 망신 주지 말 것.

2. 내가 그만하라고 하면 즉시 말하기를 멈출 것.

3. 내가 요구할 경우, 일체의 항의 없이 즉시 내 침실이나 서재에서 나갈 것.

D. 자녀들 앞에서 나를 깎아내리는 말이나 행동을 하지 말아야 한다. [**]

이 요구서를 보면, 아인슈타인이 어떻게 저런 생각을 할 수 있었는지 도무지 이해가 되지 않습니다. 지금 우리나라에서 누군가가 이런 요구서를 쓴다면, 충분히 이혼당하고도 남을 것입니다. 여성을 포함한 모든 약자에 대한 배려심이 많았고, 평생 세계 평화를 위해서 노력했던 사람이 요구할 수 있는 내용은 분명 아니었습니다.

물론 이 문서는 두 사람의 결혼 생활이 파국으로 향하고 있던 시점에서 아인슈타인이 일방적으로 요구한 것이기는 합니다만, 그런 점을 고려하더라도 정말 말도 안 되는 조건입니다. 밀레바가 이 조건을 받아들였을 리도 만무하고, 실행되었을 리도 없습니다.

실제로 얼마 가지 않아서 두 사람은 이혼하게 됩니다. 따라서 이 문서는 아인슈타인이 그냥 화가 나서 작성한 것이라고 봐야 하겠지요. 아니면 밀레바가 이혼할 마음이 생기도록 만들기 위한 술책이었을지도 모릅니다. 아무리 그래도, 우주를 대하는 아인슈타인과 여자를 대하는 아인슈타인이 이렇게 다를 수 있을까요?

[**] Walter Isaacson, *Einstein: His Life and Universe*, Simon & Schuster UK Ltd, 2017, pp. 185-186.

엘자

아인슈타인의 둘째 부인 엘자 뢰벤탈Elsa Löwenthal Einstein, 1876-1936은 어머니 쪽으로는 사촌, 아버지 쪽으로는 육촌이었습니다. 우리의 관습으로는 이해할 수 없는 일이지만, 친족 간의 결혼이 이상하지 않은 서양 사회에서는 흔한 일이기도 합니다.

엘자는 이미 결혼해서 일제Ilse Löwenthal, 1897-1934와 마르고트Margot Löwenthal, 1899-1986라는 두 딸까지 있었지만 이혼한 상태였습니다. 엘자는 과학에는 별 관심이 없었지만, 아인슈타인에게는 매우 필요한 사람이었습니다. 아인슈타인의 건강과 일정을 챙기는 자상한 어머니 같은 사람이었기 때문입니다.

하지만 아인슈타인은 엘자와의 결혼 생활 중에도 자신의 비서를 포함한 다른 여자들과의 염문을 끊임없이 뿌리고 다녔습니다. 비록 엘자가 죽은 직후이기는 하지만, 러시아의 간첩으로 알려진 마르가리타 코넨코바Margarita Konenkova, 1895-1980와의 염문도 그중 하나입니다. 아인슈타인의 사회적 성향과 인품을 생각하면, 가정에서 남편으로서의 모습은 그다지 바람직하지 않았습니다.

지금까지 아인슈타인의 여성 편력에 대해서 간략히 살펴보았습니다. 어떻습니까? 아인슈타인은 바람둥이였습니까?

이 질문에 대해서는 사람마다 다른 결론을 내릴 수 있을 것입니다. 하지만 바람둥이라고 해도 우리가 일반적으로 생각하는 그런 바람둥이는 아니었던 것 같습니다. 아인슈타인은 자신의 성적 욕

엘자와 아인슈타인(1921년)

구를 충족시키기 위해서 아무나 사귀는 그런 사람은 절대 아니었습니다. 필자가 보기에 아인슈타인은 진지한 사랑을 했지, 여느 바람둥이들처럼 사랑을 남발한 것은 아니었다고 생각합니다. 하지만 이것도 필자의 개인적인 판단일 뿐입니다. 진실을 아는 것은 불가능합니다.

모든 인간이 완전할 수 없듯이 아인슈타인도 완전한 인간은 아니었으며, 특히 여자와의 관계에서는 더욱 그랬습니다. 하지만 이것이 인간 아인슈타인의 참모습이자 인간적인 매력인지 누가 알겠습니까?

아인슈타인은 왜 노벨상 상금을 전 부인에게 주었을까?

잘 알려진 것처럼 아인슈타인은 자신이 받은 노벨상 상금 전액을 전 부인 밀레바에게 주었습니다. 왜 그랬을까요?

아인슈타인이 밀레바에게 노벨상 상금을 주기로 한 것은 이혼 절차가 한창 진행되던 때였습니다. 밀레바는 이혼을 쉽게 허락해 주지 않았고, 아인슈타인은 엘자와 사랑에 빠져 있었습니다. 따라서 아인슈타인은 어떻게 해서든지 이혼을 성사시키기 위해서 노벨상 상금을 제안한 것이 아니었을까요?

그래도 풀리지 않는 의문이 남아 있습니다. 당시는 아인슈타인이 노벨상을 받기 전이었습니다. 어떻게 다른 상도 아닌 노벨상을 당연히 받을 것으로 생각할 수 있었을까요? 이런 상황에서 노벨상만 믿고 이혼을 허락할 수 있었을까요?

그런데 당시 아인슈타인은 유력한 노벨상 후보였습니다. 이미 아인슈타인은 물리학계에서 유명 인사였고, 소위 '기적의 해'인 1905년에 상대론은 물론, 실제로 노벨상을 받게 한 광전 효과에 관한 논문도 이미 발표되어서 주목을 받는 상태였기 때문입니다. 하지만 아무리 그렇다고 하더라도 아직 받지도 않은 상금을 담보로 이혼에 합의했다는 것이 석연치 않기는 합니다. 그만큼 밀레바는 아인슈타인의 물리학 지식이 대단하다는 것을 잘 알고 있었는지도 모릅니다.

다른 하나의 가설은 밀레바가 상대론에 직접적이든 간접적이든 어느 정도 기여하지 않았을까 하는 것입니다. 아인슈타인이 노벨상을 독차지할 수 없는 숨은 사연이 있었던 것일까요? 아인슈타인과 밀레바는 같은 과에서 공부한 사이였고, 연애할 때도 같이 물리 공부를 했을 뿐만 아니라 결혼 생활도 했으므로 함께 연구했을 가능성은 충분히 있습니다. 하지만 이후에 밝혀진 둘 사이의 많은 편지와 주위 사람들의 증언 어디에도 상대론의 형성에 기여한 밀레바의 역할에 관한 내용은 나오지 않았습니다.

여러 상황을 종합해 볼 때, 상대론의 형성에 밀레바의 중요한 역할이 있었다고 보기는 어려울 듯합니다. 밀레바는 매우 야망이 큰 여자였습니다. 비록 아인슈타인에는 미치지 못했지만, 물리학자로서 자부심을 가지고 있기도 했습니다. 그런 밀레바가 상금과 자신의 역할을 바꾼다는 것을 상상하기는 어렵습니다.

이제 아인슈타인의 인품과 관련해 이야기해 볼까요? 밀레바와 이혼하는 과정을 보면 아인슈타인을 좋은 인간으로 보기는 어렵습니다. 하지만 그는 솔직하지 않거나 다른 사람의 역할을 가로챌 정도로 야비한 인간은 아니었습니다. 이 점은 다른 동료와의 연구 과정에서도 잘 나타납니다. 수학자 다비트 힐베르트David Hilbert, 1862-1943와 아인슈타인은 일반 상대론을 연구하는 과정에서 서로 상대를 인정하며 신사적으로 경쟁했습니다. 이 밖에 아인슈타인이 삶과 연구 과정에서 보여 준 모습을 볼 때, 밀레바의 결정적인 역할이 있었음에도 그것을 감추고 노벨상을 독차지하지는 않았을 것입니다.

아무리 그래도 받지도 않은 노벨상의 상금을 준다고 하는 것도 그렇고, 상금을 받는 조건으로 이혼을 허락하는 것도 그렇고, 모든 과정이 일종의 코미디처럼 보입니다. 하지만 이 내용은 법정에서 작성한 이혼 조건에 분명하게 기록되어 있고, 실제로 노벨상 상금 전액은 밀레바에게 갔습니다.

왜 이 사건이 많은 사람의 호기심을 자아내게 했을까요? 아마 노벨상을 받고도 상금을 받지 못한 사람은 아인슈타인이 유일하기 때문일 것입니다. 아인슈타인이 인류 역사에서 유일하게 한 일이 이것만 있는 것은 아니지만, 사람들이 이 사건을 재미있어하는 이유는 노벨상이라는 상징성과 상금의 액수 때문이 아닐까 생각합니다.

아인슈타인은
유대인일까?

유대인이란 원래 유대 지역에 사는 사람을 일컫는 말입니다. 하지만 현대에 와서는 유대교를 믿는 사람을 의미하고 혈연으로는 부모, 그중에서도 어머니가 유대인이면 유대인으로 인정한다고 합니다. 반드시 이스라엘 국민이어야 유대인인 것은 아닙니다. 아직도 많은 유대인이 세계 각국에 흩어져 살고 있습니다. 그렇다면 아인슈타인은 유대인일까요?

아인슈타인의 부모는 유대인이었습니다. 이들은 독일의 울름 지역에서 오랫동안 살았습니다. 하지만 아인슈타인의 부모는 유대교의 전통을 완전히 따르는 독실한 유대인은 아니었습니다. 그래도 가난한 이웃을 초대해서 식사를 같이하는 등 어느 정도 유대교의 전통을 지키는 사람들이었습니다. 이들의 식사에 초대받은 가난한 대학생 막스 탈무드Max Talmud, 1869~1941. 공식 명은 Max Talmey 는 아인슈타인에게 철학과 과학에 관한 책을 소개해 주는 등 아인슈타인의 인생에서 잊을 수 없는 한 사람으로 남게 되었습니다.

아인슈타인의 부모는 아인슈타인에게 어떤 종교적인 성향도 강제하지 않았습니다. 아인슈타인의 이름도 처음에는 '아브라함 Abraham'이었으나 너무 유대적이라고 생각해서 '알베르트Albert'로 바꾸었다고 합니다.

혈연으로 보면 아인슈타인은 분명 유대인입니다. 하지만 아인슈타인은 유대인 교육을 받지도 않았고, 자신이 유대인이라는 자각도 없었고, 유대교인은 더더욱 아니었습니다. 이렇게 보면 혈통으로는 유대인이 맞지만, 정신적으로는 전혀 유대인이라고 할 수 없습니다.

하지만 유대인 혈통은 아인슈타인의 운명이었습니다. 그는 유대인의 굴레에서 벗어날 수 없었습니다. 나치 정권은 아인슈타인을 체포하기 위해서 현상금까지 걸었습니다. 아인슈타인은 여러 우여곡절을 겪으면서 미국으로 망명해 나치의 올무에서 벗어날 수 있었지만, 하마터면 그도 아우슈비츠의 희생자가 되었을지도 모를 일이었습니다. 그렇게 되었다면 우리 인류에게 얼마나 큰 손실이었을까요? 생각만 해도 아찔합니다.

유대인이라는 자각이 없었던 아인슈타인은 나치의 탄압을 받으면서 차츰 자신이 유대인임을 자각하기 시작했습니다. 아인슈타인은 민족과 국가를 인정하지 않았지만, 근본적으로 박애주의자였습니다. 탄압받는 팔레스타인에 대한 연민의 정도 많았습니다. 그런데 그는 자신의 민족이 탄압받는 것을 체험하면서 점차 자기 자신이 유대인이라는 자각에 이르고 마침내 "나는 독일인이 아니라 유대인이다."라는 선언까지 하게 됩니다.

아인슈타인은 전후에 독일은 완전히 망해야 한다고 생각하면서 독일의 산업 기반이 철저하게 파괴되어야 하고 절대 복구가 불가능해야 한다고 주장하기도 했습니다. 이는 아인슈타인의 평소 행동에 비추어 보면 매우 과격한 주장이었습니다.

아인슈타인도 인간이어서 자신의 감정을 어찌할 수는 없었던 것일까요? 그는 이에 더해 나치에 동조했던 과학자들도 나치와 조금도 다를 바가 없다면서 적개심을 감추지 않았습니다. 이렇듯 아인슈타인은 자신이 원하지 않았던 유대인으로서의 정체성을 찾을 수밖에 없었습니다.

그런데도 아인슈타인은 국가주의를 싫어했습니다. 이스라엘의 탄생을 찬성하는 입장이기는 했지만, 이스라엘 대통령이 되어 달라는 간곡한 부탁을 거절하기까지 했습니다. 그는 진정으로 팔레스타인을 동정했으며, 이스라엘과 팔레스타인이 평화롭게 공존하기를 바랐습니다. 그는 한 인간이 민족이나 국가에 구속되는 것을 싫어했습니다. 자유로운 정신의 소유자였던 그는 모든 사람이 그러해야 한다고 생각했던 것입니다.

그는 결코 유대인이 아니었습니다.

아인슈타인은
어느 나라 사람일까?

아인슈타인은 유대인이지만 이스라엘 국적을 가지지는 않았습니다. 아인슈타인은 1879년 현재 독일 영토인 뷔르템베르크의 울름에서 태어났습니다. 그는 1896년 독일군 입대를 피하려고 독일 국적을 포기하기까지 독일 국적을 유지하고 있었습니다. 1901년 스위스 국적을 가졌고, 1911년에는 오스트리아 시민권도 가졌습니다. 1914년에는 다시 독일로 돌아가 카이저 빌헬름 물리학 연구소의 소장과 훔볼트 대학교의 교수로 일하기도 했고, 1916년에는 독일 물리학회 회장직을 맡기도 했습니다. 하지만 나치 정부가 들어서면서 신변의 불안을 느껴 1933년 미국으로 망명했고, 1940년 미국 시민권을 획득했습니다. 아인슈타인은 이때부터 죽을 때까지 미국 시민이었습니다.

필립 포먼 판사로부터 미국 시민권 증명서를 받고 있는 아인슈타인(1940년)

국적은 법률적인 용어입니다. 하지만 한 인간을 법률의 테두리 안에 가둔다는 것은 그렇게 바람직한 일은 아닙니다. 우리는 현재 미국 국적을 가지고 있는 많은 동포를 미국 사람이라고 생각하지는 않습니다. 우리는 연변에 사는 동포들을 우리나라 사람이라고 생각하지만, 그들은 자신을 중국인이라고 생각합니다. 법적으로는 당연히 미국 사람이고 중국 사람이지만, 정서적으로는 우리나라 사람으로 생각하기도 합니다.

같은 맥락에서 사람들에게 "아인슈타인은 어느 나라 사람인가?"라고 질문한다면, 그 대답은 간단하지 않을 것입니다. 아인슈타인을 이스라엘인이라고 생각하는 사람도 많지 않을까요? 아인슈타인이 유대인이기는 하지만, 이스라엘 국적을 가진 적은 한 번도 없었습니다. 그런데도 이스라엘에서는 아인슈타인을 이스라엘의 대통령으로 모시려고 했습니다. 왜 그랬을까요? 그들은 아인슈타인을 이스라엘 사람으로 생각했기 때문입니다.

아인슈타인이 가장 오래 산 곳은 독일이었습니다. 그는 독일에서 교육받고 독일에서 자랐습니다. 하지만 아인슈타인은 독일의 군국주의와 엄격한 교육 제도를 싫어했고, 독일 군인이 되는 것도 극도로 싫어서 독일 국적을 포기하기까지 했습니다.

만약 아인슈타인에게 "당신은 어느 나라 사람입니까?"라고 묻는다면, 그는 어떻게 대답했을까요? 아마도 "나는 어느 나라 사람도 아닙니다. 나는 지구 사람입니다."라고 대답하지 않았을까요? 아인슈타인에게 이런 질문을 했다거나 이런 대답을 했다는 기록은 어디에도 없습니다. 하지만 아인슈타인의 행적을 보면 이런 대답을 했을 가능성이 충분히 있다고 생각합니다.

아인슈타인의 생애를 보면서 민족과 국적의 의미에 대해 다시 생각해 보게 됩니다. 국적은 한 사람이 태어날 때 주어집니다. 그 국적을 평생 유지해야 한다는 것은 가혹한 폭력입니다. 하지만 지구상의 모든 인간은 국적을 가지고 태어나고, 그것을 바꾸는 것은 매우 어려우며, 어떤 이에게는 불가능한 일이기도 합니다.

만약 아인슈타인에게 국적법에 대해서 어떻게 생각하느냐고 묻는다면, 그는 어떻게 대답했을까요? "모든 사람에게는 자신의 국적을 선택할 권리가 있어야 합니다."라고 대답했을까요? 아닙니다. 오히려 그는 "국적이 필요 없는 사회를 만들어야 합니다."라고 대답했을 것입니다.

아인슈타인은 민족이나 국가를 중요하게 생각하지 않았습니다. 더구나 그는 민족주의자가 아니었습니다. 이스라엘 민족이었으면서도 자기 자신을 이스라엘 민족이라는 굴레에 가두지 않았습니다. 이후 아인슈타인은 이스라엘 민족이 탄압받는 상황을 보면서 이스라엘 민족에 대한 연민과 사랑을 느끼게 되었습니다. 그는 이스라엘 국가의 설립을 찬성했지만, 그것은 자신이 이스라엘 민족이었기 때문이 아니었습니다. 핍박받는 어떤 민족이었어도 같은 마음을 가졌을 것입니다.

아인슈타인은 국제 연맹 설립에 매우 적극적인 태도를 보이기도 했습니다. 그는 전 인류의 행복한 공동체를 원했지, 한 민족이 다른 민족을 지배하는 그런 세상을 바라지는 않았습니다.

지금도 국적 때문에 고통받는 민족이 수없이 많습니다. 대표적으로 쿠르드족은 국적조차 없이 살아가고 있습니다. 아인슈타인이 살아 있다면, 국적도 없는 쿠르드족에 대해서 어떤 마음을 품고 어떤 말을 했을까요?

누구도 자신이 선택하지 않은 일로 고통받지 않는 세상, 이것이 바로 아인슈타인이 꿈꾸었던 세상이 아니었을까요?

우주 어딘가에 있을지도 모르는 외계인이 지구에 '아인슈타인이 살았던 별'이라는 표시를 해 둔 어떤 만화를 본 적이 있습니다.

지구는 아인슈타인의 별이고 아인슈타인은 지구의 사람입니다. 따라서 아인슈타인에게 당신은 어느 나라 사람이냐고 묻지 맙시다. 그의 국적은 '지구'였으니까요.

아인슈타인은
왜 군대를 싫어했을까?

아인슈타인은 군대에 간 적이 없습니다. 입대를 면제받았던 것이 아니라 국적을 포기하면서까지 군대에 가지 않으려 했습니다. 왜 그랬을까요? 힘들고 위험한 것을 피하려는 이기적인 마음에서 그 랬을까요?

아인슈타인이 자신의 안일을 위해서 입대를 거부했다고 볼 수 는 없습니다. 그는 그렇게 나약한 정신의 소유자는 아니었습니다. 아인슈타인은 자신의 이익을 취하기 위해서 신념을 버린 적은 없 었습니다. 따라서 자신의 안일을 위해서 군대를 기피했다고 볼 수 는 없습니다.

앞에서 언급한 것처럼 아인슈타인은 독일의 군국주의와 군대의 강압적인 규율을 싫어했습니다. 대부분 사람은 자신이 싫어도 입대하는 것을 수용합니다. 국가 권력에 맞서서 싸우기보다는 굴복하는 것이 더 편하기 때문입니다. 이런 점에서 아인슈타인이 군대를 기피한 것은 오히려 용기 있는 행동으로 볼 수 있습니다. 아인슈타인의 이러한 용기는 어디서 생겨났을까요?

아인슈타인은 "나는 음악 나부랭이에 따라 발을 맞춰 행진하는 것을 즐기는 사람을 경멸한다. 그런 사람의 커다란 뇌는 단지 실수로 만들어진 것이다."*라고 말하기도 했습니다. 학교에서는 선생님들의 교육 방식이 군대식과 같다고 생각했으며, 교사를 군인에 비유하기도 했습니다. 아인슈타인은 '권위에 순종하는 것이 진리에 대한 최악의 적'이라고 생각했습니다. 그런 그가 군대 생활을 받아들이기는 쉽지 않았을 것입니다.

아인슈타인은 입대할 나이가 되어 가면서 초조해지기 시작했습니다. 독일 군대에 가지 않는 유일한 방법은 독일 국적을 포기하고 스위스의 시민이 되는 것이었습니다. 그래서 아인슈타인은 온갖 핑계를 찾기 시작했습니다. 그중 하나로 심신 미약자라는 판정을 받는 것이 있었고, 실제로 그는 판정을 받아 냈습니다. 아인슈타인은 이 판정을 근거로 졸업도 하기 전에 김나지움을 퇴학하고, 이어서 독일 국적까지 포기해 버렸습니다.

---

* Walter Isaacson, *Einstein: His Life and Universe*, Simon & Schuster UK Ltd, 2017, p. 21.

아인슈타인은 독일 국적을 포기하고 스위스 국적을 취득했습니다. 하지만 스위스에서도 군 복무 의무는 있었습니다. 이렇게 보면 아인슈타인이 단지 군대에 가지 않기 위해서 독일 국적을 포기했다는 말에는 약간의 모순이 있습니다. 아인슈타인의 속마음을 다 알 수는 없지만, 그는 군대보다 독일 자체가 더 싫었을 수도 있습니다. 독일의 군국주의, 주입식 학교 교육, 독일 사람들의 엄격한 성격 등이 다 싫었던 것은 아닐까요?

아인슈타인은 스위스에서 징병 검사를 받았습니다. 하지만 그는 땀이 많이 나는 지독한 평발이었고, 정맥류도 있어서 부적합 판정을 받았습니다. 그렇게 해서 아인슈타인은 스위스에서 징집되는 것을 면하게 되었고, 그토록 싫어하던 군인이 되지 않은 행운을 누리게 되었습니다.

돌이켜 생각해 보면, 아인슈타인에게 군대는 단지 군대 그 자체가 아니라 인간의 개성과 자유에 대한 적이었고, 인성과 지성, 인류 평화에 반하는 상징이었을 수 있습니다. 따라서 보헤미안적인 자유분방함을 타고난 아인슈타인은 군대를 좋아할 수 없었을 것입니다. 그는 군대만 싫어했던 것이 아니라 자유를 억압하는 모든 것을 싫어하며 거부했고, 그에 맞서서 싸웠습니다. 선생님과 맞섰고, 독일이라는 국가와 맞섰고, 기존의 과학 이론에 맞섰습니다. 아인슈타인의 이런 순수함과 용기는 그의 평생을 지배했습니다.

여러분은 아인슈타인이 군대를 거부한 행동에 대해서 어떻게 생각하십니까? 독일의 군대가 아니라 우리나라의 군대일 때도 아인슈타인처럼 거부하는 것이 옳은 일일까요? 매우 어려운 문제입니다. 우리나라에서는 종교적 신념으로 병역을 거부하는 것이 합법적입니다. 그런데 아인슈타인은 종교적 신념 때문에 병역을 거부한 것이 아닙니다. 그는 독일의 군국주의와 군대라는 조직이 싫어서 거부했을 것입니다. 그렇다면 아인슈타인과 같은 의도로 우리나라에서 병역을 거부하는 것은 정당한 일일까요?

이 문제를 여기에서 깊이 논의하기는 어렵습니다. 다만, 이렇게 말하고 싶습니다. 군대에 대한 두려움이나, 자신의 안일이나, 군대에 가지 않았을 때의 이익 때문이 아니라 자신의 소신을 지키기 위해서 병역을 거부하는지 자문해 보고, 어떤 불이익도 견딜 각오가 되어 있다면 거부해도 된다고 생각합니다.

아인슈타인은 그런 믿음이 있었다고 생각합니다. 그렇기에 그가 병역의 의무를 기피한 것을 비난만 할 수는 없지 않을까요?

아인슈타인은 갑자기 유명해졌을까?

아인슈타인은 워낙 뛰어난 천재였으니 어려운 과정 없이 유명해졌을 것으로 생각하기 쉽습니다. 하지만 실제 상황은 정반대였습니다. 아인슈타인처럼 위대한 인물이 그렇게 오랜 세월 동안 인정받지 못한 사례도 드물 것입니다.

아인슈타인은 결혼 초기까지 직장을 구하지 못해서 전전긍긍했습니다. 그는 자신의 성격과 유대인이라는 출신 성분 때문에 일자리를 구하는 데 어려움을 겪었습니다.

당시 취리히 연방 공과대학교를 나온 사람은 대부분 일자리를 얻는 데 큰 어려움이 없었습니다. 아인슈타인도 당연히 그렇게 생각했습니다. 하지만 교수들과 좋은 관계를 유지하지 못했던 아인슈타인은 추천서를 받지 못해서 쉬운 일자리도 구하지 못했습니다. 급기야 그는 신문에 개인 교습 광고까지 내야 하는 형편이 되었습니다. 친구 그로스만 아버지의 추천으로 특허국 말단 일자리를 구했으나 대학교 일자리를 구하기는 쉽지 않았습니다.

아인슈타인은 소위 '기적의 해'라고 하는 1905년 과학사에 남을 네 편의 논문을 발표했습니다. 이 논문들은 모두 세상을 뒤흔들 만한 대단한 것이었음에도 아인슈타인을 알아주는 사람은 별로 없었습니다. 사실, 이 중에서 광전 효과에 대한 논문은 아인슈타인에게 노벨상을 안겨 주었고, 상대론은 나중에 세상을 흔들어 놓았습니다. 하지만 그때까지 아인슈타인은 독일 과학계에서 아무도 알아주지 않는 특허국의 말단 직원일 뿐이었습니다.

위대한 인물은 위대한 인물을 알아보는 법입니다. 물리학자 막스 플랑크Max Karl Ernst Ludwig Planck, 1858-1947는 아인슈타인의 논문을 보고 놀라워하며, 비서에게 아인슈타인이 누구인지 알아보라고 지시했습니다. 그 후 플랑크는 아인슈타인과 서신을 주고받으면서 아인슈타인을 직접 만나려고 했으나 상황이 여의치 않았습니다. 결국 그는 자신의 조수 막스 폰 라우에Max Theodor Felix von Laue, 1879-1960와 아인슈타인이 만나도록 주선했습니다. 라우에도 이후 노벨상을 받은 대단한 물리학자였습니다. 그는 광전 효과에 대한 아인슈타인의 논문에 지대한 관심을 가졌던 터라 두 사람의 만남은 역사적인 의미가 있었습니다. 라우에는 아인슈타인을 베른의 대학교수쯤으로 생각했었는데, 특허국 말단 직원이라는 사

EINE NEUE BESTIMMUNG
DER MOLEKÜLDIMENSIONEN

INAUGURAL-DISSERTATION
ZUR
ERLANGUNG DER PHILOSOPHISCHEN DOKTORWÜRDE
DER
HOHEN PHILOSOPISCHEN FAKULTÄT
(MATHEMATISCH-NATURWISSENSCHAFTLICHE SEKTION)
DER
UNIVERSITÄT ZÜRICH

VORGELEGT
VON
ALBERT EINSTEIN
AUS ZÜRICH

Begutachtet von den Herren Prof. Dr. A. KLEINER
und
Prof. Dr. H. BURKHARDT

BERN
BUCHDRUCKEREI K. J. WYSS
1905

아인슈타인의 박사 학위 논문 표지(1905년)

실을 알고 크게 놀랐습니다.

아인슈타인은 특허국에서 일하는 동안은 물론, 그 후에도 수많은 논문을 쏟아 냈습니다. 그런데도 여전히 대학교 일자리를 구하지 못했습니다. 심지어는 대학교가 아니라 고등학교 교사직을 구하는 데에도 실패했습니다.

얼마나 웃기는 일입니까? 노벨상이 아니라 세상을 뒤흔들 이론을 이미 발표했는데도 대학교의 교수 자리는 물론 고등학교 교사 자리도 얻지 못했다는 사실이 말입니다. 아마 아인슈타인을 채용하지 않았던 취리히 고등학교 교장은 유명해진 아인슈타인을 보고 통탄했을지도 모릅니다.

아인슈타인은 천신만고 끝에 1908년 보수도 신통치 않은 베른 대학교의 객원 교수 자리를 얻었습니다. 이것이 아인슈타인이 얻은 첫 대학 강의 자리였습니다. 그 후 논문 지도 교수였던 알프레드 클라이너Alfred Kleiner, 1849-1916의 주선으로 1909년 3월 취리히 대학교의 교수가 되었습니다.

모든 일은 시작이 어렵지, 일단 시작이 되고 나면 쉬운 법입니다. 시작이 반이라는 속담도 있지 않습니까? 아인슈타인도 마찬가지였습니다. 1910년 3월 찰스 페르디난트 대학교에서 더 좋은 조건으로 교수 초빙 요청이 왔습니다. 이로 인해 취리히 대학교와 찰스 페르디난트 대학교는 아인슈타인을 모시기 위해서 치열한 경쟁에 들어갔습니다. 취리히 대학교에서는 아인슈타인을 빼앗기지 않기 위해서 더 좋은 조건을 제시했습니다. 그러자 찰스 페르디난트 대학교에서는 플랑크의 추천에 힘입어 유대인이라는 단점에도 불구하고 취리히 대학교에서 주기로 한 봉급의 두 배를 제시해 아인슈타인을 모셔 갈 수 있었습니다.

이제 아인슈타인은 그냥 대학교수가 아니라 유명 인사가 되어 버렸습니다. 어떻게 아인슈타인은 갑자기 몇 년 만에 유명 인사가 되었을까요? 사람들은 '갑자기'라고 생각하지만, 세상 모든 일에서 갑자기 이루어지는 것은 없습니다. 아인슈타인은 이미 대단한 논문을 한 편도 아니고 수십 편을 발표한 뒤였습니다. 그것이 묻혀 있었던 것이지요. 따라서 '갑자기'가 아니라 오히려 많이 늦었던 것입니다.

모든 노력은 언젠가는 빛을 보게 됩니다. 보석은 땅속에서 오래 묵을수록 나왔을 때 더 밝은 빛을 내는 법입니다. 아인슈타인이라는 보석도 오랫동안 감춰져 있었기에 나타났을 때 더욱 혜성처럼 빛났던 것은 아닐까요?

아인슈타인은
공산주의자였을까?

아인슈타인은 정치인이 아니고 물리학자였습니다. 그는 유대인이라는 자기 정체성은 없었지만, 나치 정권은 아인슈타인을 유대인으로 분류했고 현상금까지 걸어서 잡아들이려 했습니다. 그래서 아인슈타인은 어쩔 수 없이 미국으로 망명까지 하게 되었습니다.

과학자라고 할지라도 정치적 성향이 있을 수는 있습니다. 아인슈타인은 파당에 소속되는 것을 아주 싫어했지만, 자신만의 철학이나 정치에 관한 견해가 있었을 것입니다. 아인슈타인의 이런 생각은 자신도 모르게 행동으로도 나타나 많은 오해를 불러왔습니다. 아인슈타인이 공산주의자라는 것도 그런 오해 중 하나였습니다.

아인슈타인은 유대인 박해를 피해 미국으로 망명했습니다. 하지만 그는 어느 한 민족이나 국가에 소속되는 것을 좋아하지 않았습니다. 아인슈타인은 미국의 자유와 개인의 인권을 존중하는 체제를 사랑했지만, 미국이 추구하는 전쟁과 군국주의적인 면까지 사랑한 것은 아니었습니다.

아인슈타인은 독일의 전쟁 승리를 막기 위해서 원자탄을 만들 것을 처음으로 제안했습니다. 하지만 실제 원자탄이 일본에 투하되는 것을 보면서 심한 충격에 휩싸였고, 자신의 잘못을 속죄라도 해야 한다는 심정으로 반전 운동에 더욱 적극적으로 참여하게 되었습니다.

아인슈타인은 개인의 자유를 가장 중요하게 생각했고, 모든 사람이 평등하게 사는 사회를 바랐습니다. 그의 정치적 성향을 굳이 말한다면, 민주적 사회주의자라고 할 수 있을지 모르겠습니다. 아인슈타인은 무절제한 자본주의를 싫어했지만, 공산주의는 더 싫어했습니다. 그는 확실한 반전주의자였고, 세계주의의 신봉자였습니다. 그래서 세계 정부의 창립에 적극적이었습니다.

아인슈타인은 과학자를 넘어서 대중에게도 대단히 유명한 존재였기 때문에 그의 정치적 성향을 이용하려는 단체는 수없이 많았습니다. 그중에는 공산주의자들도 있었습니다.

그러한 단체들은 아인슈타인의 지지를 얻고, 아인슈타인이라는 이름을 자신들의 성명서에 넣기 위해서 안달했습니다. 아인슈타인은 이런 문건에 무조건 서명한 것이 아니라 그 단체가 추구하는 목적이 자신의 이념과 일치할 때만 동의했습니다. 하지만 아인슈타인의 이러한 자기 검열 과정이 완벽할 수는 없었을 것입니다. 어떤 경우에는 아인슈타인의 생각과는 다른 방향으로 그가 이용당하는 일도 있었습니다.

아인슈타인은 공산주의 자체보다, 미국에서 일어나고 있는 공산주의에 대한 광적인 증오가 더 큰 문제라고 생각했습니다. 개인의 자유를 극도로 존중했던 아인슈타인에게는 당연한 일이었을 수도 있습니다. 미국 정보 당국은 아인슈타인을 의심하기 시작했고, 아인슈타인이 공산주의와 결탁하고 있는지 감시했습니다. 하지만 언론을 통제하고, 개인의 자유를 억압하고, 선동적이며 교조적인 공산주의를 아인슈타인이 받아들이는 것은 불가능했을 것입니다. 그래도 공산주의자들이 표방하는 표면적 인도주의적 지향에는 동조했을 수도 있습니다.

아인슈타인이 공산주의자로 의심받은 것은 러시아에서 온 여자 간첩 코넨코바와 관련된 사건 때문이기도 합니다. 코넨코바는 은밀히 아인슈타인에게 접근했습니다. 1941년 어느 날, 코넨코바는 두 번째 부인인 엘자를 여의고 혼자 살던 아인슈타인을 자신의 별장으로 초대했습니다. 자연스럽게 가까워진 두 사람은 1945년 코넨코바가 러시아로 돌아갈 때까지 애인 사이로 지냈습니다. 이 모든 사실은 두 사람이 주고받은 연애편지가 공개되면서 알려지게 되었습니다. 그 편지 중에는 아인슈타인이 러시아를 좋아하지 않는다는 내용도 있었습니다. 아인슈타인은 코넨코바가 간첩이었다는 사실을 전혀 몰랐을 것입니다. 그렇다고 해서 어떤 비밀이 코넨 코바에게 넘어간 것도 없었습니다. 사실, 아인슈타인에게는 코넨 코바에게 알려 줄 비밀도 없었습니다. 아인슈타인은 미국 정보 당국의 요주의 인물로 분류되어 있었기 때문에 국가 기밀 취급증도 없었고, 그런 것을 알 수 있는 위치에 있지도 않았기 때문입니다.

아인슈타인은 세계 정부를 강력히 주장하는 편이었습니다. 그는 세계 정부가 군사적 통제권을 가져야 한다고 주장했습니다. 개별 국가의 잘못을 바로잡을 힘이 있는 세계 정부를 원했던 것입니다. 그래야만 한 국가가 인권을 유린하는 것을 막을 수 있을 뿐만 아니라 나아가 전쟁을 막고 세계 평화를 이룰 수 있다고 믿었습니다. 아인슈타인은 미국이 개발한 원자탄 기술과 통제권도 세계 정부에 넘겨야 한다고 주장했습니다. 이러한 아인슈타인의 생각은 미국 정부의 생각과 달랐기 때문에 아인슈타인이 러시아의 공산주의자들과 무슨 일을 꾸미고 있는 것이 아닌지 의심을 받았던 것입니다.

아인슈타인은 이상주의자이자 순수한 인간이었습니다. 이상주의는 추구하는 이상이 옳더라도 현실에서 그 이상이 실현되기는 어렵습니다. 아인슈타인이 주장한 세계 정부도 너무 이상적이라는 비판을 받았고, 실제로 아인슈타인이 생각한 세계 정부는 만들어지지 않았습니다. 지금의 유엔은 아인슈타인이 추구했던 세계 정부는 아니었습니다. 미, 영, 러, 중의 네 상임 이사국의 승인 없이는 아무것도 할 수 없는 유엔으로는 국가 간의 분쟁을 막을 힘이 없기 때문입니다. 아인슈타인이 생각한 군사적 통제권을 가지는 세계 정부는 강대국의 생각을 무시한 너무 이상주의적인 발상이었습니다.

아인슈타인은 순진하다고는 할 수 없을지 몰라도 순수한 사람이었습니다. 미국이 그의 망명을 받아 주고 표면적으로는 극진하게 대접했지만, 그렇다고 미국의 정책을 무조건 수용하지는 않았습니다. 아인슈타인은 자신의 안일을 위해서 어떤 불의와도 결탁한 적이 없었습니다. 이것은 쉬워 보이지만, 약하고 불완전한 인간이 지키기에는 어려운 일입니다. 특히 아인슈타인처럼 유명한 사람에게는 온갖 유혹이 있을 수밖에 없었을 것입니다. 하지만 아인슈타인은 어떤 유혹에도 흔들리지 않았습니다. 이처럼 아인슈타인은 어떤 유혹에서도 자신을 지킬 수 있는 순수함과 용기를 지닌 사람이었습니다. 이것이 필자가 아인슈타인을 존경하는 이유이기도 합니다.

순수함, 이것은 모든 용기의 원천이자 인간으로서 지녀야 할 가장 중요한 덕목이 아닐까요?

아인슈타인은
온화한 사람이었을까?

헝클어진 머리, 아무렇게나 입은 옷, 천진한 미소. 사진으로 남아 있는 아인슈타인의 모습입니다. 여러분은 이런 모습을 보면 아인슈타인이 온화하고 너그러운 사람으로 보입니까, 아니면 괴팍하고 까탈스러운 사람으로 보입니까?

한 사람의 성격을 한 가지로 딱 잘라 규정할 수는 없습니다. 인간은 복잡한 존재이고, 한 사람의 성격 또한 단순하지 않습니다. 노년 시절 아인슈타인은 어린아이를 좋아했습니다. 다른 사람들은 쉽게 아인슈타인을 만나지 못했지만, 이웃에 사는 여자아이는 수시로 아인슈타인을 만날 수 있었습니다. 아인슈타인은 그 아이가 주는 사탕을 받아먹으면서 "저 아이가 사탕으로 나를 매수하려

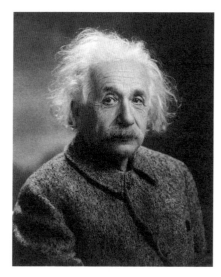

노년의 아인슈타인(1947년)

고 한다.”라고 말하기도 했습니다.

아인슈타인은 유머가 풍부했고, 여자들에게 인기가 많았습니다. 하지만 일체의 권위를 부정해서 사람들과 어울리는 데에는 어려움이 많았습니다. 학교 선생님들과의 관계는 거의 최악이었고, 동료 과학자들과도 그렇게 편안한 사이는 아니었습니다.

아인슈타인은 학술적인 주장이 매우 강했으며, 다른 사람의 잘못된 주장을 심하게 반박하는 성격이었습니다. 자신의 생각에 대해서는 강한 자부심을 넘어 오만하기까지 했습니다.

이런 일화도 있습니다. 아인슈타인은 논문 지도 교수인 클라이너에게 논문을 보내면서 “그는 내 논문을 불합격 처리하지 못할 것이다. (…) 그가 감히 내 논문을 불합격시킨다면, 그의 불합격 사유를 내 논문과 함께 학술지에 발표해서 그를 바보로 만들어 버릴 것이다."*라고까지 했습니다. 하지만 클라이너는 아인슈타인이 논문에서 과학계의 거물인 에두아르트 볼츠만Ludwig Eduard Boltzmann, 1844-1906의 학설까지 비판한 것이 부담스러워 아인슈타인의 논문을 불합격 처리했습니다. 물론 나중에 약간 수정해서 논문이 통과되기는 했습니다. 그 후 두 사람의 관계는 회복되었고, 결국 클라이너는 아인슈타인이 취리히 대학교 교수가 되도록 힘을 실어 주기까지 했습니다.

아인슈타인의 성격은 동급생이었던 한스 빌란트Hans Byland의 말을 통해서 잘 알 수 있습니다. 빌란트의 기억에 의하면 아인슈타인은 매우 급한 성격이었으며, 아인슈타인을 만난 사람은 금방 그의 성격에 압도당하지 않을 수 없었다고 합니다. 또한 아인슈타인은 항상 세상을 조소하는 철학자처럼 보였으며, 어떤 권위나 자부심도 무자비하게 깨 버렸다고 합니다.**

이런 점으로 미루어 볼 때, 아인슈타인은 고집이 세고 타협을 모르는 까칠한 성격이었던 것 같습니다. 하지만 아인슈타인의 성격만 보고 그를 좋지 않은 인간으로 판단하면 안 되겠지요.

---

* Walter Isaacson, *Einstein: His Life and Universe*, Simon & Schuster UK Ltd, 2017, p. 71.
** https://archive.nytimes.com/www.nytimes.com/books/first/o/overbye-einstein.html

대부분 사람은 자신의 주장이 옳아도 논쟁을 하기보다는 포기하고 화평을 추구합니다. 우리는 이런 사람을 원만한 성격이라고 말하기도 합니다. 어떤 경우에는 자신의 생각을 굽히는 것이 미덕이 될 수도 있지만, 실제로는 자신을 보호하기 위한 수단으로 사용하는 경우가 많습니다. 그런 면에서 아인슈타인은 진리를 주장할 때도 자신에게 돌아오는 손해를 생각하지 않았습니다. 그래서 아인슈타인은 실제로 손해를 많이 보았습니다. 바로 앞에서 소개한 박사 학위 논문 사건도 그렇고, 직장을 구할 때도 교수들의 추천서를 받을 수 없었습니다. 하지만 아인슈타인은 순수한 사람이었습니다. 순수하기에 자신의 생각을 굽히지 않을 용기가 있었던 것은 아닐까요?

사실, 아인슈타인과의 관계에서 발생한 문제의 원인 대부분은 상대방에게 있었습니다. 선생님들은 강압적 분위기에서 주입식 방법으로 교육했고, 학술적인 논쟁에서는 대부분 아인슈타인의 주장이 옳았던 것으로 판명되었습니다. 다만, 아인슈타인의 잘못이라고 한다면 사회 통념이나 관습적으로 지켜야 할 예의를 지키지 않았다는 점일 것입니다. 아인슈타인은 일체의 권위를 받아들이지 않는 성격이었기 때문에 사회적 관습이나 통념을 따르지 않았습니다. 그는 맹목적으로 권위에 복종하는 것은 진리에 대한 최대의 적이라고 생각했습니다.

반면, 아인슈타인은 훌륭한 학자들을 매우 존경했습니다. 그는 수학적으로는 상대론을 거의 완성했다고 할 수 있는 로런츠를 존경했으며, 로런츠도 아인슈타인을 좋아했습니다. 대학 시절부터 절친한 친구였던 수학자 그로스만과의 우정은 끝까지 변하지 않았으며, 일반 상대론을 완성하기까지 그로스만의 많은 도움을 받기도 했습니다.

이런 일화도 있습니다. 아인슈타인이 직업도 없이 어렵게 생활할 때, 신문에 개인 교습 광고를 낸 적이 있었습니다. 이 광고를 보고 한 사람이 찾아왔습니다. 그는 아인슈타인보다 네 살이나 많았고, 철학과 과학에 관심이 많았습니다. 아인슈타인은 그와 몇 번 대화를 나눈 후 "당신과 자유롭게 대화를 나누는 것이 돈을 받고 가르치는 것보다 더 좋습니다. 돈은 필요 없고, 원할 때 언제든지 찾아오면 대화를 나누겠습니다."라고 말했습니다. 이 사람이 바로 아인슈타인과 평생 친구가 된 모리스 솔로빈Maurice Solovine, 1875-1958입니다.

이런 사례들로 미루어 볼 때, 아인슈타인은 사람보다는 진실 추구를 더 중요하게 생각하는 성향을 지녔다고 할 수 있습니다. 사람들과의 관계가 불편했던 이유는 진실을 추구하는 그의 열정 때문이었습니다. 어떻게 보면, 좋지 않은 관계의 귀책사유가 아인슈타인에게 있었다기보다는 진실보다 사회적 규범이나 통념을 더 중요시하는 상대방에게 있었다고 보는 것이 옳을 것입니다.

필자는 아인슈타인에 대해 공부하면서, 아인슈타인이 평소에 생각했던 아인슈타인과는 매우 다르다는 점을 발견했습니다. 학술적인 면을 떠나서 여러 가지 성격적인 문제가 있었음에도 인간적인 매력을 더 많이 느끼게 된 이유는 아인슈타인의 솔직함과 순수함 때문이라고 생각합니다. 아인슈타인이 온화한 성격이었는지 까탈스러운 성격이었는지는 어느 하나로 단정할 수 없고, 그것이 그렇게 중요한 문제도 아닙니다. 중요한 점은 아인슈타인이 순수한 이성을 추구하는 사람이었다는 것입니다. 솔직함과 순수함, 이것이 그를 위대한 인간으로 만든 본질이 아니었을까요?

아인슈타인은 '외로운 늑대'였을까?

천재들은 대체로 혼자서 문제를 해결하는 것을 좋아합니다. 아인슈타인은 '외로운 늑대'라는 별명이 있었을 뿐만 아니라, 닐스 보어 Niels Henrik David Bohr, 1885-1962 처럼 많은 제자를 양성하지도 못했습니다. 일반적으로 천재는 친구가 많지 않다고 하지만, 아인슈타인은 그렇지 않았습니다. 그에게는 꽤 많은 친구가 있었고, 친구들과도 대부분 막역한 사이였습니다.

지금부터 아인슈타인의 친구 몇 명을 소개해 볼까 합니다.

그로스만

'아인슈타인의 친구' 하면, 취리히 연방 공과대학교에 다닐 때부터

아인슈타인의 절친한 친구였던
수학자 그로스만

사귀었던 그로스만을 빼놓을 수 없습니다. 그로스만은 나중에 유
명한 수학자가 되기도 했지만, 평생 아인슈타인에게 수학적인 도
움을 주었습니다. 앞에서 이미 언급했지만, 대학 시절 아인슈타인
은 민코프스키 교수의 수학 강의를 빼먹기 일쑤였습니다. 하지만
아인슈타인은 그로스만의 수학 노트를 보고 공부해서 시험에 통
과할 수 있었습니다. 아인슈타인이 직업을 구하지 못해서 어려워
할 때, 그로스만은 자신의 아버지에게 부탁해서 아인슈타인을 특
허국에 취직까지 시켜 주었습니다. 그리고 아인슈타인이 수학적
문제로 일반 상대론을 완성하지 못해 애를 쓰고 있을 때는 아인슈
타인에게 텐서 해석학을 가르치기도 했습니다.

　1936년 그로스만이 죽고 난 후 아인슈타인이 그의 부인에게 쓴

편지를 보면, 아인슈타인과 그로스만의 관계가 어떠했는지 잘 나타나 있습니다.

> (…) 우리 둘이 같은 학생이었던 시절이 회상됩니다. 그는 모범생이었습니다만, 저는 방종하기 짝이 없었고 공상에 빠져 있었습니다. 그는 선생들과 사이가 좋았으며 만사에 판단이 정확했습니다만, 저는 언제나 외톨이고 불평만 늘어놓기 때문에 남들에게 호명을 받지 못했습니다. 그러나 우리는 둘도 없는 친구였으며 주일마다 메트로폴에서 아이스 커피를 마시면서 이야기를 나누곤 하던 때가 나의 가장 즐거웠던 추억이 되고 있습니다. 그러나 학교를 졸업하고 나자, 나는 갑자기 모든 사람으로부터 버림받았고 앞으로 어찌해야 하는가를 모르게 되었습니다. 그러나 그는 나를 끝까지 지켜보아 주고 그와 그의 아버지의 덕택으로 나는 몇 년 후에 특허국 할러를 만나게 되었습니다. 그것은 어떤 의미에서 나의 생명을 구해 준 것과 다름이 없습니다. 그 구원의 손길이 없었던들, 나는 어쩌면 굶어 죽기까지는 아니었을지 모르지만, 정신적으로는 좌절되고 말았을 것입니다. (…)*

---

* 베네슈 호프만 지음, 최혁순 옮김, 『아인슈타인, 철학 속의 과학 여행』, 도서출판 동아, 1989, p. 51.

베소

베소는 아인슈타인과 같은 학교에 다녔고, 특허국에서도 같이 근무한 사이였습니다. 베소는 지적으로 뛰어났지만, 좀 산만한 성격 때문에 사람들로부터 환영받지는 못했습니다. 하지만 아인슈타인과는 매우 잘 통했습니다. 베소는 아인슈타인의 주선으로 아인슈타인을 양아버지처럼 돌보아 주었던 빈텔러의 딸과 결혼했습니다.

아인슈타인과 베소가 주고받은 편지 중에 남아 있는 것만도 229통이나 됩니다. 그 편지 중 하나에는 "아무도 자네처럼 나와 가깝고, 나를 잘 알고, 나를 친절하게 아껴 주는 사람은 없었다."라는 내용도 있었습니다.[**]

베소는 아인슈타인이 상대론을 완성해 가는 과정에 줄곧 참여했으며, 조언과 토론을 이어 갔고, 아인슈타인의 논문을 검토하거나 교정하는 일도 마다하지 않았습니다. 특히 그는 일반 상대론을 적용해서 수성의 근일점 이동을 밝히는 복잡한 수학적 계산을 도와주었습니다. 이런 사실로 미루어 볼 때, 아인슈타인이 상대론을 완성하는 과정에서 그로스만과 베소의 역할은 친구 이상이었다고 할 수 있습니다.

아인슈타인은 1955년 베소의 사망 소식을 듣게 됩니다. 그해는 아인슈타인이 세상을 하직한 해이기도 합니다. 아인슈타인은 베

[**]   Walter Isaacson, *Einstein: His Life and Universe*, Simon & Schuster UK Ltd, 2017, p. 61.

소의 사망 소식을 듣고 자신이 소개해 주었던 미망인 안나 빈텔러에게 보낸 위로의 편지에 예언이라도 하듯이 "그는 이 이상한 세상에서 나보다 조금 먼저 떠났습니다. 먼저라는 것은 아무 의미도 없습니다. 우리 같은 물리학자에게 과거, 현재, 미래의 구분은 한갓 환상일 뿐입니다."*** 라고 적었습니다. 그리고 몇 주 후에 아인슈타인도 세상을 떠났습니다.

솔로빈과 하비히트

앞에서 언급한 것처럼 아인슈타인이 취직도 하지 못하고 어렵게 지내던 1902년, 베른 대학교에서 철학을 공부하는 솔로빈이라는 청년이 아인슈타인이 신문에 낸 개인 교습 광고를 보고 찾아왔습니다. 아인슈타인은 솔로빈과 대화하면서 그의 매력에 빠지게 되었고, 결국 돈도 받지 않고 언제든지 찾아오면 대화해 주겠다고 했습니다. 이런 인연으로 두 사람은 정기적으로 만나 토론하는 사이가 되었고, 여기에 아인슈타인의 친구인 콘라트 하비히트Conrad Habicht, 1876-1958가 합류해서 '올림피아 아카데미'라는 토론 그룹을 만들었습니다. 세 사람은 과학, 수학, 철학에 대해서 매우 진지한 토론을 이어 갔습니다. 아인슈타인은 논문을 쓰면 가장 먼저 그들

*** Walter Isaacson, *Einstein: His Life and Universe*, Simon & Schuster UK Ltd, 2017, p. 540.

‘올림피아 아카데미’ 멤버였던 하비히트, 솔로빈, 아인슈타인(1903년)

에게 보냈고, 그들의 논문도 서로 주고받는 사이가 되었습니다.

　아인슈타인은 친구를 그냥 가볍게 사귀는 성격은 아니었던 것 같습니다. 그렇다고 한번 우정을 나누면 끝까지 사귀는 성격이었는지는 알 수 없습니다. 여기에서 소개한 친구들은 끝까지 서로 배신하지 않고 우정을 나눈 사이였기 때문에 기록으로 남아 있었을 가능성이 큽니다. 아인슈타인에게도 잠시 사귀다가 헤어진 친구가 있었을 것입니다. 하지만 그런 경우에는 기록에 남아 있지 않아서 묻혀 버렸을 가능성이 있습니다. 아인슈타인은 정의보다 의리를 더 존중한 것 같지는 않지만, 그렇다고 의리를 가볍게 여긴 것 같지도 않습니다.

친구와는 달리 물리학자들과의 교류는 광범위했습니다. 아인슈타인은 당대의 물리학자 대부분과 교류했습니다. 그 이유는 아인슈타인의 인간관계의 특성 때문이 아니라 상대론과 양자 역학에서 아인슈타인이 차지하는 위치 때문이었습니다. 아인슈타인이 양자론과 상대론에 관한 논쟁에 끼어들 수밖에 없었기 때문이기도 합니다. 일반 상대론의 확립 과정에서 힐베르트와의 경쟁과 논쟁, 양자 역학의 아버지라고 할 수 있는 보어와의 양자 역학에 관한 논쟁은 가히 세기적인 논쟁이라고 할 수 있습니다. 이 논쟁에서 아인슈타인이 한 "신은 주사위 놀이를 하지 않는다."라는 말은 너무나 유명해서 인용되지 않는 과학책이 없을 정도입니다.

정치인과 사회단체 관련자들과도 광범위한 교류가 있었습니다. 이것은 아인슈타인이 원해서 이루어진 교류가 아니라, 대부분 아인슈타인의 명성을 빌리거나 이용하려는 사람들의 요청으로 이루어졌습니다.

아인슈타인은 고독을 즐기는 성품이었지만, 아인슈타인의 명성은 그를 고독하게 놓아두지 않았습니다. 아인슈타인은 이를 자신의 죗값이라고 생각하기도 했습니다. 아인슈타인은 유명해지지 않았다면 '외로운 늑대'로 인생을 마감했을지도 모릅니다. 하지만 인생은 자신의 뜻대로 되는 물건이 아닙니다. 유명하게 되기를 간절히 바라더라도 유명해지지 않는 인생이 있는가 하면, 유명하게 되기를 원하지 않아도 유명해지는 인생도 있습니다. 어느 것이 더 좋은 인생인지는 모르지만, 사람들은 후자를 성공한 인생으로 보지 않을까요? 세상 사람들 눈에 아인슈타인의 인생은 분명 성공한 인생이었을 것입니다. 하지만 아인슈타인 자신도 그렇게 생각했는지는 알 수 없는 일입니다.

아인슈타인은
인간에게 자유 의지가 있다고
믿었을까?

아인슈타인은 고전 역학을 신봉했습니다. 고전 역학의 철학을 한 마디로 말하면 절대 불변이고 객관적인 자연이 존재한다는 것이고, 이 자연은 엄격한 법칙의 지배를 받는, 다시 말하면 영구불변인 확실한 자연법칙이 존재한다는 것입니다.

모든 자연 현상은 이 완전하고 불변인 자연법칙이 현실로 나타난 것입니다. 모든 자연 현상에는 원인이 있습니다. 현재의 원인은 과거에 있고, 현재는 다시 미래의 원인이 됩니다. 이 논리를 긴 시간에 적용해 본다면, 우주의 삼라만상은 모두 연쇄적 인과의 결과라고 할 수 있습니다. 이렇게 미래는 이미 결정되어 있다는 것이 결정론적인 우주관입니다.

고전 역학의 핵심인 아이작 뉴턴Isaac Newton, 1642-1727의 운동 법칙($F=ma$)을 보면, 모든 물체의 운동은 힘이라는 원인이 존재합니다. 물체를 어떤 방향으로 어떤 크기의 힘으로 던지면, 그 물체가 어떻게 날아가서 어디에 떨어질지 알 수 있습니다. 손에서 떠난 물체는 던진 사람의 의지와는 무관하게 떨어지는 장소가 결정되어 있습니다. 언제 일식이 일어날지, 언제 겨울이 가고 봄이 올지는 결정되어 있습니다. 이렇듯 삼라만상의 운명은 이미 결정되어 있습니다. 다만, 그 과정이 너무 복잡해서 인간이 알아낼 수 없을 뿐입니다.

고전 역학을 신봉했던 아인슈타인은 당연히 결정론자였습니다. 그는 이렇게 말했습니다. "나는 결정론자입니다. 나는 자유 의지를 믿지 않습니다. 유대인은 자유 의지를 믿습니다. 그들은 인간이 자신의 인생을 만들어 간다고 믿습니다. 나는 그런 교리를 거부합니다. 그런 면에서 나는 유대인이 아닙니다." 또 이렇게도 말했습니다. "인간은 자신의 의지에 따라 움직일 수 있지만, 의지는 자신의 의지에 따라 만들어지지 않습니다."

피상적으로 보면 모든 결정을 내 의지대로 하는 것 같지만, 깊이 세부적으로 들여다보면 그런 결정을 하게 된 배경이 존재합니다. 그런 배경이 아니었다면 나는 다른 결정을 내렸을지도 모릅니다. 그렇게 보면 자유 의지라는 것이 정말 존재한다고 말하기가 어려워집니다.

자유 의지의 문제는 철학에서도 중요한 문제 중 하나이고, 지금
도 논란이 계속되는 문제이기도 합니다. 심리학자들은 자유 의지
의 존재에 대해서 여러 가지 교묘한 실험도 많이 하고 있습니다.
아직 모두가 인정하는 결론에 이르지는 못했지만, 자유 의지가 존
재한다는 것을 증명하기는 어려운 것 같습니다.

자유 의지가 존재하지 않는다는 것이 고전 역학의 결론이지만,
양자 역학적으로 보아도 자유 의지가 존재한다고 할 수 없습니다.
양자 역학에 따르면 모든 현상은 확률적으로 일어나기 때문에 더
더욱 자유 의지가 존재한다고 말하기 어렵습니다.

사람이 죄를 짓는 것도 그의 자유 의지 때문이 아니라 그렇게
할 수밖에 없는 환경(원인)이 존재하기 때문이 아닐까요? 그렇다면
그가 저지른 죄를 어떻게 그에게 물을 수 있을까요? 참 난감한 문
제이기는 합니다.

우리의 모든 인간관계와 사회 제도를 생각해 보세요. 어떤 사람
이 나에게 부당한 짓을 했다고 가정해 봅시다. 그러면 우리는 그
사람이 잘못을 저질렀다고 단정합니다. 그래서 책임을 물을 수 있
습니다. 법은 자유 의지가 있다는 가정하에 만들어진 제도입니다.
어떤 사람의 행위가 그 사람의 자유 의지가 아니었다면, 잘못에 대
해서 벌을 내리는 것도 잘한 것에 대해서 상을 주는 것도 논리적으
로 말이 안 됩니다.

심신 미약자가 저지른 범죄나, 인간이 아닌 짐승이나 기계가 일

으킨 사고에 대해서는 심신 미약자나 짐승이나 기계에 책임을 묻지 않습니다. 심신 미약자나 짐승이나 기계는 자유 의지가 없다고 보기 때문입니다.

만약 사람에게 자유 의지가 없다면, 그 사람의 행위에 대한 책임을 물을 수 있을까요? 그렇게 되면 사회는 어떻게 유지될까요? 아마 사회의 근간이 무너질 것입니다.

그래서일까요? 아인슈타인은 이렇게 말하기도 했습니다. "나는 살인자가 철학적으로 자신의 죄에 대해서 책임이 없다고 생각하지만, 그와 함께 차를 마시고 싶지는 않습니다."

아인슈타인다운 솔직한 고백입니다. 어떻게 보면 이율배반적인 생각이지요. 어떤 사람이 지은 죄가 그 사람 잘못이 아니라고 생각하면서 그 죄를 지은 사람은 싫어하니 말입니다. 아인슈타인 스스로도 자신의 생각을 어찌할 수 없었던 것일까요? 아니면 아인슈타인에게도 자유 의지가 없었기 때문일까요?

아인슈타인은
신을 믿었을까?

과학자 중에서 아인슈타인처럼 신에 관해 많은 말을 한 사람도 없을 것입니다. 신의 존재와 관련해서 아인슈타인이 소환되지 않는 경우도 또한 드물 것입니다. 그렇다고 아인슈타인이 신앙심이 있었던 것도 아니었고, 기독교인은 더더욱 아니었으며, 유대인이면서도 유대교를 믿었던 것도 아니었습니다. 그렇다고 무신론자도 아니었습니다. 아인슈타인의 말을 빌리면, 그는 '독실한 비신자非信者'일지도 모릅니다. 아인슈타인이 생각하는 신은 과연 무엇이었을까요?

"신은 주사위 놀이를 하지 않는다."는 아인슈타인의 가장 대표적인 명언으로 꼽힙니다. 이것은 양자 역학에서 말하는 확률론적인 사상을 반박하기 위해서 한 말입니다. 양자 역학의 불확정성 원리는 사물의 상태를 정확하게 기술하는 것은 불가능하고, 확률적으로만 기술할 수 있다는 것입니다. 더 나아가 자연의 모든 현상이 확률적으로 되어 있다는 생각입니다. 이는 완전함의 상징인 신의 존재와 양립할 수 없는 사상입니다. 신의 존재를 믿었던 아인슈타인은 양자 역학의 불확정성 원리를 받아들일 수 없었던 것입니다.

아인슈타인은 빛의 양자인 '광자'라는 개념을 처음으로 제안했을 뿐만 아니라 양자론의 확립에 지대한 공헌을 했습니다. 그러면서도 양자론에 내재하고 있는 불확정성 원리를 받아들일 수는 없었습니다. 아인슈타인은 대자연은 확고하며, 자연 현상을 지배하는 확고한 질서(원리)가 있다고 믿었습니다. 그런데 양자론은 자연의 본질이 불확정적이며 확률적이라고 주장하는 이론입니다. 물론 아인슈타인은 양자론이 자연 현상을 잘 설명하고 있다는 것을 누구보다 잘 알고 있었습니다. 하지만 그는 양자론의 확률론적 결론은 아직 우리가 자연을 완전히 이해하지 못해서 나타난 것이지, 자연 자체에 불확정성이 존재한다는 것은 말이 안 된다고 생각했습니다. 그래서 "신은 주사위 놀이를 하지 않는다."라고 말한 것입니다.

아인슈타인의 이 말은 과학계에서 가장 유명한 말이 되었고, 현대 물리학과 양자 역학을 이야기할 때마다 빠지지 않고 등장하는 말이 되었습니다. 그리고 이 말은 양자 역학을 이해하는 과정에서 매우 중요한 역할을 하게 되었습니다. 마치 불교에 입문하는 사람들이 넘어야 하는 선문답 같은 것이 되어 버렸습니다.

그렇다면 아인슈타인이 생각하는 신은 과연 무엇이었을까요?
아인슈타인은 생명과 우주의 깊은 신비감에 젖어 있었습니다.
이 신비감은 일반 사람들이 경험하는 종교적 체험과 크게 다르지
않았을 것입니다. 생명과 우주에 대한 신비감이 아인슈타인을 사
색의 세계로 몰아갔고, 끊임없이 자연을 탐구하게 하는 원동력이
되었습니다. 생명과 우주로부터 느끼는 완전한 질서와 불변의 아
름다움이 아인슈타인에게는 바로 신의 모습이었을 것입니다.
앞에서 언급한 것처럼 아인슈타인은 유대인 가정에서 태어났지
만, 그의 부모는 유대교의 교리를 철저하게 믿거나 지키지는 않는
자유로운 성향이었습니다. 그래서 아인슈타인도 유대인이라는 정
체성을 가지기는 어려웠습니다. 아인슈타인은 가톨릭 학교에 다
녀서 『성경』에 대해서도 잘 알게 되었습니다. 하지만 그는 『성경』
을 읽으면서 『성경』에 있는 내용이 사실일 수 없다는 것을 깨달았
고, 그래서 『성경』에서 주장하는 것을 그대로 받아들이지 않았습
니다.
그 대신 아인슈타인은 자연에 내재하는 규칙성과 우리의 이성
이 이 규칙성을 알아낼 수 있다는 것을 확고하게 믿었습니다. 아
인슈타인이 말하는 신은 철학자 바뤼흐 스피노자Baruch de Spinoza,
1632-1677의 신이었습니다. 스피노자가 말하는 신은 최초의 원인,
소위 제1원인이었습니다. 모든 것의 원인이 스피노자가 말하는 신

입니다. 그 '모든 것'을 대자연인 우주로 보면, 그것은 자연 현상을 지배하는 원리인 물리 법칙이 됩니다.

아인슈타인이 말하는 신은 자연에 내재하는 이 규칙성을 의미하는 것이지, 기독교나 유대교에서 말하는 신은 아니었습니다. 아인슈타인이 말한 '종교 없는 과학은 절름발이이며, 과학 없는 종교는 장님'에서 종교는 기존의 어떤 특정 종교를 의미하는 것이 아닙니다. 그가 말하는 종교는 자기 믿음의 대상인 대자연이었습니다.

아인슈타인은 어릴 때부터 대자연의 모든 현상은 수학적으로 표현할 수 있다고 생각했습니다. 수학적으로 표현할 수 있다는 것은 확고부동한 규칙이 있다는 의미입니다. 아인슈타인이라고 해서 자연에 내재하는 이 확고부동한 규칙 또는 원리가 왜 있어야 하는지 알 수 있었을까요? 스피노자가 제1원인이라고 했던 최초의 원인도 그 이상은 '모른다'는 의미가 아니었을까요? 도저히 알 수 없는 불가사의의 순간에 신이 등장하게 됩니다. 아인슈타인의 신도 이렇게 등장한 것이 아닐까요? 따라서 아인슈타인의 신은 일반인들이 생각하는 그런 인격적인 신이 아니었습니다. 자연을 다스리는 원리, 그 원리의 존재는 증명 가능한 것이 아니라 믿음의 영역일 수밖에 없었던 것이지요. 아인슈타인의 신은 이렇게 등장했기에 기독교나 유대교의 신이 될 수는 없었습니다.

그래서일까요? 이스라엘이 국가를 세우면서 유대인들은 아인슈타인을 대통령으로 모시고자 했지만, 아인슈타인은 거절했습니다. 아인슈타인은 유대교인이 아니었을 뿐만 아니라 유대인으로서의 정체성도 없었습니다. 그는 진정한 코스모폴리탄이었지, 민족주의자는 아니었습니다.

그런 아인슈타인이 특정 종교에 속하는 것은 불가능에 가까운 일이었습니다. 그는 어떤 사상에도 완전히 자신을 맡길 수 없는 자유인이었습니다. 아인슈타인의 하느님은 자연 현상을 지배하는 원리이며, 대자연의 삼라만상은 아인슈타인이 생각하는 신의 현현顯現이었습니다.

제2장

과학자 아인슈타인

상대론은
아인슈타인이 만들었을까?

우리는 흔히 '상대론' 하면 아인슈타인을 떠올리고, '아인슈타인' 하면 상대론을 떠올립니다. 당연히 상대론은 아인슈타인이 만들었고, 아인슈타인의 아이디어였습니다. 이것을 부정할 사람은 이 세상에 아무도 없을 것입니다.

하지만 아인슈타인은 혼자의 힘으로 상대론을 발견할 수 있었을까요? 갈릴레오 갈릴레이Galileo Galilei, 1564-1642가 없었다면, 뉴턴이 없었다면, 맥스웰이 없었다면, 앙리 푸앵카레Henri Poincare, 1854-1912가 없었다면, 에른스트 마흐Ernst Mach, 1838-1916가 없었다면, 로런츠가 없었다면 아인슈타인이 상대론을 만들 수 있었을까요?

상대론의 핵심이라고 할 수 있는 '상대성 원리'는 이미 갈릴레이가 확립한 개념이었습니다. 뉴턴의 운동 법칙은 등속도 운동에 대해서 불변이라는 것은 잘 알려져 있었습니다. 다만, 뉴턴은 가속 운동으로부터 절대 공간이 존재해야 한다고 주장했지만, 마흐는 가속 운동조차도 상대적이라고 주장했습니다. 그리고 푸앵카레는 개념적으로는 거의 상대론에 접근하고 있었습니다.

이렇게 보면 상대론은 아인슈타인 이전에 이미 많은 사람의 머릿속에서 돌아다니고 있었습니다. 다만, 그것은 정리되지 못한 어지러운 생각들이었습니다. 그 이유는 그들이 시간과 공간의 절대성을 의심하지 않았기 때문입니다. 아인슈타인은 이 어지럽게 산재해 있는 생각을 시공간에 대한 혁신적인 생각을 바탕으로 간단하게 정리해 버렸습니다.

아인슈타인이 상대론을 확립해 가는 과정에서도 여러 사람의 도움이 있었습니다. 앞에서 언급한 것처럼 어린 시절 아인슈타인의 집에 정기적으로 초대받았던 가난한 대학생 탈무드는 과학과 수학은 물론 철학적인 문제를 가지고 토론도 하고, 이와 관련된 책도 구해 주었습니다. 그는 어린 아인슈타인이 과학적 사고를 형성하는 데 지대한 영향을 끼쳤다고 할 수 있습니다. 또한 그로스만은 대학 시절 아인슈타인을 도와주었을 뿐만 아니라 일반 상대론의 수학적 체계를 만드는 과정에서 결정적인 도움을 주었습니다.

이런 일화도 있습니다. 아인슈타인은 친구인 베소와 토론하면서 특수 상대론의 기초가 된 움직이는 물체의 동역학에 대해서 깨닫게 되었습니다. 토론한 다음 날, 베소를 만난 아인슈타인은 흥분해서 인사하는 것도 잊은 채 "고맙네. 문제를 완전히 해결했다네."

라고 말했습니다.

뉴턴이 말했듯이 모든 위대한 인물은 거인의 어깨에 올라탔기 때문에 멀리 볼 수 있습니다. 아인슈타인도 마찬가지입니다. 아인슈타인이 아무리 천재이고 위대한 인물이라고 해도, 그 역시 거인의 어깨에 올라탔기 때문에 가능했던 것입니다. 여기에서 거인이란, 앞서갔던 사람들, 같이 가던 사람들, 심지어는 아인슈타인을 미워했고 아인슈타인이 미워했던 사람들도 포함합니다.

상대론은 특수 상대론과 일반 상대론으로 구별할 수 있습니다. 특수 상대론과 일반 상대론은 근본적인 철학은 같지만, 형식과 내용이 전혀 다릅니다. 특수 상대론은 수학적으로 매우 단순하고, 개념적으로도 매우 간결합니다. 하지만 그 안에 내포된 사상은 매우 혁명적입니다. 뉴턴이 신봉하던 시공간의 개념을 완전히 바꾸어 버렸기 때문입니다.

하지만 특수 상대론에서 주장하는 공간의 수축이나 시간의 팽창 개념은 아인슈타인이 처음으로 만든 것이 아닙니다. 특수 상대론에서 이야기하는 시간과 공간의 문제에 있어서는 푸앵카레도 거의 아인슈타인의 경지에 이르렀지만, 그는 시공간의 절대성을 부정할 수 있을 만큼 혁명가는 되지 못했습니다. 하지만 아인슈타인은 달랐습니다. 푸앵카레가 천재였다면, 아인슈타인은 혁명가였습니다.

빛의 속도가 관측자에 따라서 달라지지 않는다는 사실은 에테르의 운동을 측정하려는 시도에서 이미 알려져 있었고, 이것을 설명하기 위해서 피츠제럴드가 이미 수학적 표현식을 만들었습니다. 더구나 로런츠는 시공간의 변환 공식까지 만들었습니다. 이들은 에테르 측정이 불가능하다는 것을 알았지만, 에테르 자체를 버릴 생각은 하지 못했습니다. 하지만 아인슈타인은 측정할 수 없다면 존재하지 않을 수도 있다고 생각했습니다. 그래서 과감하게 던져 버린 것입니다. 이것은 아주 간단한 일 같지만, 사실은 그렇지 않습니다. 혁명가만 보이는 '용기'이기 때문입니다.

일반 상대론도 아인슈타인 혼자였으면 완성하지 못했을 것입니다. 젊은 시절 아인슈타인은 수학에도 천재적인 면을 보였지만, 그는 물리학을 하기 위해서 그렇게 어려운 수학이 필요 없다고 생각했습니다. 그래서 어려운 수학을 별로 공부하지 않았습니다. 앞에서 언급한 것처럼 민코프스키가 아인슈타인을 '게으른 개'로 비유할 정도로 수학에 신경을 쓰지 않았지요.

최소한 광전 효과를 설명할 때나 특수 상대론을 완성할 때까지는 아인슈타인의 생각이 옳았습니다. 하지만 아인슈타인은 일반 상대론을 만들어 가는 과정에서 도저히 해결할 수 없는 난관에 부닥치게 되었고, 결국 수학 없이는 불가능하다는 것을 깨닫게 되었습니다. 그래서 그로스만에게 도움을 요청했고, 그로스만은 아인슈타인을 열심히 도와주었습니다. 이 도움으로 아인슈타인은 일반 상대론을 완성할 수 있었습니다.

아인슈타인은 일반 상대론을 완성해 가는 과정에서 위대한 수학자였던 힐베르트와 피나는 각축전을 벌이기도 했습니다. 한때는 힐베르트가 일반 상대론을 자신이 완성했다고 선언까지 하기도 했습니다. 하지만 우여곡절 끝에 일반 상대론은 아인슈타인의 독창적인 이론으로 인정받게 되었습니다. 결국 힐베르트도 아인슈타인의 승리를 인정했고, 두 사람은 다시 절친한 사이가 되었습니다.

이렇게 보면 특수 상대론도 그렇고 일반 상대론도 그렇고 어느 것 하나 아인슈타인 혼자서 만든 것이 아닙니다. 그런데도 왜 상대론은 모두 아인슈타인의 것이라고 할까요?

앞에서 언급한 것처럼 특수 상대론은 수학적 표현으로 보면 아인슈타인이 아니라 로런츠가 다 해 놓았습니다. 하지만 푸앵카레도 로런츠도 천덕꾸러기 같은 에테르를 버리지 못했습니다. 더구나 시간과 공간의 절대성은 절대 버리지 못했습니다. 하지만 아인슈타인은 과감하게 에테르를 던져 버렸습니다. 푸앵카레나 로런츠는 아인슈타인의 논문을 보고도 이 논문의 혁명적 의미를 파악하지 못했습니다.

푸앵카레, 피츠제럴드, 로런츠는 시간과 공간이 절대적이라는 생각은 그대로 유지하면서 실험 결과를 설명할 수 있는 수학적인 표현식만 만들어 낸 반면, 아인슈타인은 시공간에 대한 근본적인 생각을 바꾸어 버렸습니다. 결과로서의 형식은 같지만, 본질은 완전히 달랐습니다. 아인슈타인의 상대론이 살아 있는 사람이라면 푸앵카레, 피츠제럴드, 로런츠의 상대론은 인형에 불과했던 것입니다.

예를 들면, 로런츠 변환식은 시공간의 변환은 가능하지만, 그 이상 자연을 보는 새로운 안목을 제시하지는 못했습니다. 이들의 이론은 더 발전할 수 있는 여지가 없었습니다. 하지만 아인슈타인의 생각은 시공간 변환으로부터 더 확장되어 운동량과 에너지의 변환까지도 가능했으며, 이로 인해 그 유명한 $E=mc^2$라는 식을 얻을 수도 있었습니다. 시공간에 관한 생각이 근본적으로 달랐을 뿐만 아니라, 그 결과로 예측할 수 있는 내용도 달랐습니다. 로런츠 변환식은 겉모습은 비슷하지만, 속은 아인슈타인의 특수 상대론과 완전히 달랐습니다. 따라서 특수 상대론을 아인슈타인의 것으로 돌리는 것은 당연할 뿐만 아니라 아무런 문제도 없습니다.

일반 상대론은 어떨까요? 그로스만이 많은 도움을 주었지만 그것은 어디까지나 기술적인 도움이었지, 본질적인 도움은 아니었습니다. 개념적으로는 마흐의 생각이 큰 영향을 끼쳤다고 할 수 있습니다.

뉴턴은 자신의 책 『프린키피아』에서 절대 공간이 존재한다는 것을 입증하기 위한 사례로 양동이 회전 실험을 제시했습니다. 회전하는 양동이 물의 가장자리가 올라가는 것은 원심력 때문입니다. 이 양동이가 우주의 어디에 있든지 회전한다면 같은 현상이 나

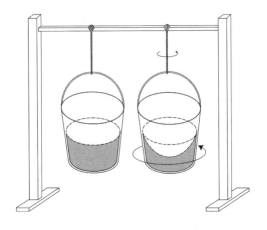

뉴턴의 양동이 회전 실험

타날 것입니다. 주위에 별들이 있거나 없거나, 별들이 운동하거나
말거나 같은 현상이 나타날 것입니다. 양동이의 회전은 상대적인
것이 아니라 절대적인 운동입니다. 그래서 뉴턴은 절대 공간이 존
재한다고 생각했습니다.

이 실험은 절대 공간이 존재한다는 확실한 증거처럼 보입니다.
하지만 마흐는 생각이 달랐습니다. 그는 회전하는 양동이 물의 가
장자리가 올라가는 현상은 양동이가 가만히 있고 우주가 회전한
다고 해도 같으리라고 생각했습니다. 아인슈타인은 이 생각에 깊
은 감명을 받았고, 이것이 일반 상대론을 발견하는 계기가 되었습
니다. 하지만 마흐는 자신이 말한 개념을 증명할 수는 없었습니다.
어떻게 우주를 돌리는 실험을 할 수 있겠습니까? 또한 마흐는 자

신의 생각을 증명할 이론도 만들지 못했습니다. 그 이론을 아인슈타인이 만든 것입니다.

앞에서 간단히 언급했지만, 일반 상대론을 만드는 과정에서 힐베르트와의 경쟁은 치열했습니다. 힐베르트도 아인슈타인과 같은 이론을 완성했던 것입니다. 아인슈타인은 힐베르트의 논문을 보다가 자신의 이론과 너무나 비슷해서 깜짝 놀랐습니다. 실제로 힐베르트가 먼저 이론을 완성했다는 것에 동조하는 과학자도 여럿 있었습니다.

하지만 우여곡절 끝에 일반 상대론은 아인슈타인의 독창적인 이론으로 인정을 받게 됩니다. 과학계에서도 이 문제가 심각했기 때문에 두 사람의 연구 과정을 엄격하게 분석했습니다. 조사 결과 두 사람은 연구 과정에서 많은 대화를 나누었다는 사실이 밝혀졌습니다. 두 사람이 서로의 연구 결과를 주고받는 과정에서 아인슈타인의 아이디어가 힐베르트에게 흘러 들어갔다는 사실과 힐베르트의 논문에 오류가 있었다는 점이 발견되었습니다. 이에 따라 일반 상대론은 아인슈타인의 독창적인 아이디어였다는 것이 증명되었습니다.

우리는 당연히 상대론을 아인슈타인의 것으로 생각하지만, 그 과정은 결코 순탄하지 않았습니다. '독창적'이라는 말에도 문제가 있습니다. 완전히 '독창적'인 것은 세상에 없습니다. 모든 위대한 생각은 한 개인의 것이 아니라 집단적인 사고의 산물입니다. 상대론도 예외는 아닙니다. 상대론은 전적으로 아인슈타인 개인이 만들어 낸 것도 아니고, 개인의 소유물도 아닙니다. 하지만 기존의 생각에서 한 발자국 앞으로 내딛는 것이 쉬운 일은 아닙니다. 그 한 발자국을 아인슈타인이 내디딘 것입니다.

여러분이 잘 아는 것처럼 우주 비행사 닐 암스트롱^{Neil Alden Armstrong, 1930-2012}은 달 표면에 첫발을 내딛고 "한 인간에게는 작은 한 걸음이지만, 인류에게는 위대한 도약이다."라는 말을 남겼습니다. 이처럼 아인슈타인이 내디딘 작은 한 발자국, 이것 역시 인류에게는 위대한 도약이었습니다.

원자탄은
아인슈타인이 만들었을까?

상대론은 몰라도 $E=mc^2$라는 식을 본 사람은 많을 것입니다. 티셔츠에도 자주 등장하는 이 수식은 질량과 에너지의 관계를 나타낸 것입니다. 여기에서 E는 에너지, m은 질량, c는 빛의 속도입니다. 빛의 속도가 빠르다는 것은 누구나 다 알 것입니다. 따라서 그것의 제곱인 c^2는 얼마나 큰 값일까요? 이렇게 큰 값에 질량을 곱한 값이 에너지가 되니, 작은 질량이라도 그것이 에너지로 바뀌면 엄청나게 큰 에너지가 나옵니다. 예를 들어, 물 1g이 전부 에너지로 변하면 100W짜리 전구 1억 개를 2시간 반 동안 밝힐 수 있는 에너지가 나오게 됩니다.

하지만 질량은 그냥 에너지로 전환되는 것이 아니고, 핵분열이라는 과정을 거쳐야 가능합니다. 핵분열이 급격하게 일어나는 현상을 이용한 것이 바로 원자탄입니다. 따라서 원자탄은 아인슈타인의 이론을 이용한 것입니다. 아인슈타인이 없었다면 질량이 에너지로 변환된다는 사실을 알지 못했을 것입니다. 물론 다른 과학자가 그 사실을 발견했겠지만, 인류가 원자탄을 만들기까지는 훨씬 더 많은 세월이 흘렀을 것입니다.

아이러니하게도 아인슈타인은 핵분열로부터 에너지를 얻을 수 있다는 것을 믿지 않았습니다. 리제 마이트너Lise Meitner, 1878-1968와 오토 프리슈Otto Robert Frisch, 1904-1979가 핵분열 과정에서 일어난 질량 감소가 에너지로 바뀌는 실험을 한 후에도 아인슈타인은 그런 방식으로 에너지를 이용할 수 있다고 생각하지 않았습니다. 원자력 에너지를 이용하려는 노력이 한창 진행되는 와중에 어떤 신문에는 아인슈타인의 말을 인용하면서 그런 노력은 희망이 없다는 내용의 기사가 실리기까지 했습니다.

아인슈타인은 처음에는 자신의 이론으로부터 실제로 에너지를 얻을 수 있다는 사실을 인식하지 못했지만, 그가 원자탄을 만드는 일에 결정적인 역할을 한 것은 사실입니다. 원자탄의 가능성에 대해서 잘 알았던 사람은 아인슈타인보다 물리학자 레오 실라르드Leo Szilard, 1898-1964였습니다. 그는 아인슈타인과 마찬가지로 나치를 피해 헝가리에서 미국으로 망명해 왔으며, 독일이 원자탄을 만들려고 한다는 점에 두려움을 느꼈습니다. 실라르드는 이 문제를 해결하기 위해서 아인슈타인을 움직여야 한다고 생각했습니다.

아인슈타인과 실라르드가 루스벨트 대통령에게 보낼
편지 내용을 상의하는 모습(1939년)

아인슈타인은 너무나 유명했고, 대중적인 지지는 물론 미국 정부
에 영향력을 미칠 수 있는 인물이었기 때문입니다.

실라르드는 어렵게 아인슈타인을 만나서 연쇄 반응과 원자탄의
위력에 관해서 설명했습니다. 그때까지 아인슈타인은 어떻게 연쇄
반응이 일어날 수 있는지 전혀 알지 못하고 있었습니다. 연쇄 반응
이 일어나는 것은 고도의 기술적인 과정이었기 때문에 이론 물리
학자인 아인슈타인의 관심사는 아니었던 것입니다. 하지만 아인슈
타인은 실라르드의 설명을 듣자마자 곧바로 이해했고, 독일이 원
자탄을 먼저 만들면 큰일이라는 생각에 공감하게 되었습니다.

중요한 문제는 프랭클린 루스벨트Franklin Delano Roosevelt, 1882-
1945 대통령을 설득하는 일이었습니다. 아인슈타인의 편지라면 대

통령도 관심을 가지리라고 생각했던 것이지요. 하지만 대통령에게 우편으로 편지를 보낸다고 해서 그 편지가 대통령에게 간다는 보장은 전혀 없습니다. 아인슈타인은 여러 우여곡절 끝에 〈월스트리트 저널〉의 경제 전문 기자인 알렉산더 색스Alexander Sachs, 1893-1973를 통해서 겨우 대통령에게 편지를 전달할 수 있었습니다.

아인슈타인이 편지를 보낸 것은 1939년 8월이었고, 이 문제와 관련한 위원회의 창립 회의는 그해 10월에 있었습니다. 하지만 아인슈타인은 참석하지 않았습니다. 원자탄을 만들기 위한 비밀 프로젝트인 맨해튼 프로젝트에 대한 대통령의 최종 결정은 1941년 10월에 이루어졌습니다. 이 프로젝트에는 저명한 물리학자, 화학자, 공학자가 포함되었으며 한 장소에서 연구한 것이 아니라 미국의 여러 곳에서 비밀리에 이루어졌습니다. 1945년 7월 16일 첫 원자탄 투하 실험이 이루어졌으며, 1945년 8월 6일 히로시마에, 8월 9일 나가사키에 원자탄이 투하되었습니다.

아인슈타인의 편지가 맨해튼 프로젝트의 기폭제가 되었지만, 아인슈타인은 이 프로젝트와 관련한 어떤 활동에도 관여하지 않았습니다. 아인슈타인은 핵물리학자가 아니었기 때문에 할 수 있는 역할도 없었고, 군대 작전처럼 진행되는 비밀 작업에 참여하고 싶어 하지도 않았을 것입니다. 비록 참여하고 싶었어도 참여는 어려웠을 것입니다. 아인슈타인은 미국 시민이 되었지만, 미국의 정보기관에서는 아인슈타인을 공산주의자로 의심하고 있었기 때문입니다. 아인슈타인은 이 프로젝트의 추진을 알기는 했겠지만, 극비 프로젝트였을 뿐만 아니라 아인슈타인에게는 비밀 취급 허가증이 발급되지도 않았기 때문에 어디서 무엇이 어떻게 진행되는지 알 수 없었을 것입니다.

아인슈타인이 원자탄을 직접 만든 것은 아니지만 원자탄을 만드는 이론인 $E=mc^2$를 아인슈타인이 만들었고, 원자탄을 만들도록 한 것도 아인슈타인의 편지였습니다. 비유하자면 원자탄을 임신시킨 것은 아인슈타인이었고, 그것을 배 속에서 키워서 완성품이 되게 한 것은 맨해튼 프로젝트의 책임자였던 줄리어스 로버트 오펜하이머Julius Robert Oppenheimer, 1904-1967였습니다. 이렇게 보면 원자탄의 아버지는 아인슈타인이고, 어머니는 오펜하이머였다고 할 수 있습니다.

아인슈타인은 원자탄의 탄생을 보며 기뻐했을까요?

세계 평화주의자였던 아인슈타인이 대량 살상 무기를 반가워했을 리는 없습니다. 그는 나중에 "독일이 원자탄을 만들 수 없었다는 사실을 알았다면, 나는 손가락도 까딱하지 않았을 것이다."라고 말했습니다. 더구나 나치 정권을 이기기 위해서 원자탄을 만들었지만, 원자탄은 엉뚱하게도 독일이 아니라 일본에 떨어졌습니다.

히틀러는 원자탄이 투하되기도 전인 1945년 4월 30일에 자살해 버렸고, 그 이전에 이미 독일은 패망이 확실시되었으니 원자탄을 쓸 필요도 없었습니다. 이를 예상했다면 아인슈타인이 루스벨트 대통령에게 편지를 보냈을까요? 1922년 일본을 방문해서 열광적인 환대를 받았던 아인슈타인은 원자탄이 일본에 떨어지는 것을 보고 얼마나 후회했겠습니까?

세상만사는 우리의 의도대로 돌아가지 않습니다. 아인슈타인도 예외는 아니었으며, 그중에서도 원자탄은 아인슈타인의 의도와 다르게 돌아간 대표적인 산물이었습니다.

상대론은 진리가 없다는 이론일까?

상대론은 아인슈타인의 상징과도 같은 이론입니다. 또한 상대론은 아인슈타인을 아인슈타인으로 만든 일등 공신이기도 합니다. 하지만 상대론을 제대로 아는 일반인은 거의 없고, 물리학을 공부하는 사람 중에도 상대론을 오해하는 사람이 많습니다.

사람들이 상대론을 오해하는 이유는 상대론이 그동안의 통념에서 너무 많이 벗어나 있기 때문이기도 하지만, 어떤 면에서는 명칭 때문이기도 합니다. 상대론의 핵심은 상대성에 있지 않습니다. 오히려 그 반대입니다. 상대론의 핵심은 '불변성'입니다. 상대론은 빛의 속도나 자연법칙이 불변이라는 생각에서 출발했습니다.

아인슈타인은 처음에 자신의 이론을 '불변성 원리Invariance Theory'라고 부를까 생각했지만, 결국 상대론으로 불리게 되었습니다. 결과론적이기는 하지만, 불변성 원리보다 상대성 원리가 사람들의 관심을 끌어내는 데 더 효과적인 역할을 한 것은 사실입니다.

상대론에서 아인슈타인이 이룩한 중요한 업적은 상대성을 찾아낸 것이 아니라 불변성을 찾아낸 것입니다. 상대론에서 상대적인 것은 자연법칙이 아니라 시간과 공간을 포함한 물리량의 측정값입니다. 물리량이 상대적이지 않고서는 물리 법칙이 불변일 수가 없습니다.

물리량과 물리 법칙을 비교하자면, 당연히 물리 법칙이 물리량보다 더 중요한 위치에 있습니다. 물리량은 물리학자들이 정의한 개념일 뿐이고, 자연에 존재하는 어떤 실체가 아닙니다. 물리량의 값이 달라진다고 해서 큰일이 나지는 않습니다. 하지만 물리 법칙이 달라진다면 정말 큰일이 납니다. 삼라만상은 물리 법칙의 지배를 받고 있는데, 이 법칙이 달라지면 세상의 근본이 바뀌는 것이니까요.

물리 법칙은 자연 현상에 내재한 원리입니다. 이 중 하나가 뉴턴의 고전 역학입니다. 그런데 뉴턴의 이론은 완전한 물리 법칙이 아닙니다. 뉴턴의 이론이 옳지 않다는 것은 상대론과 양자론으로도 이미 증명되었습니다. 아인슈타인이 말하는 물리 법칙은 물리학자들이 만들어 낸 이론을 가리키는 것이 아닙니다. 물리학자들이 발견한 이론은 자연의 물리 법칙을 찾아가는 과정에서 임시방편으로 만들어 낸 불완전한 것입니다. 아인슈타인이 생각한 영구

불변인 물리 법칙은 아직 물리학자들이 찾지 못한, 찾으려고 노력하는 완전한 물리 법칙을 의미합니다. 아인슈타인은 그런 물리 법칙이 존재한다고 믿었습니다. 상대론은 물리 법칙의 절대성을 굳건히 지키는 과정에서 물리량이 상대적으로 될 수밖에 없다는 불가피한 결론에 도달했습니다.

상대론의 본질을 이해하지 못하는 일반인과 일부 학자처럼 행세하는 사람들이 '상대적'이라는 말에 정신이 팔려서 상대론을 오해하고 있습니다. 특히 문학, 사회학이나 일부 얼치기 철학자들 사이에서 진리는 존재하지 않고 모든 것은 상대적이라는 식으로 상대론을 오도하고 있습니다. 일반인들은 그 선봉에 아인슈타인이 있다고 오해한 것입니다.

아인슈타인이 신을 믿고 양자론을 받아들이지 못했던 것도 자연에는 확고한 질서가 있다는 생각 때문이었습니다. 그런 아인슈타인이 모든 것은 상대적이고 절대적인 진리가 존재하지 않는다고 생각할 수 있었을까요?

상대론은 진리는 절대 상대적이 아니라고 주장합니다. 그런데 정말 절대적인 진리가 존재할까요? 상대론은 그렇다고 주장하지만, 양자론은 생각이 다르니 말입니다.

아인슈타인은 상대론으로 노벨상을 받았을까?

상대론이 워낙 유명해서인지 대부분 사람은 아인슈타인이 상대론을 발견한 공로로 노벨상을 받았을 것으로 생각합니다. 하지만 앞에서 언급한 것처럼 아인슈타인은 상대론과는 전혀 관계가 없는 광전 효과를 설명하는 광양자설로 노벨상을 받았습니다.

이 사실은 일반인은 물론 과학자들도 이상하게 생각하는 일입니다. 아인슈타인은 1922년에 노벨상을 받았고, 특수 상대론은 1905년에 논문으로 발표되었습니다. 영국의 천문학자 아서 에딩턴Arthur Stanley Eddington, 1882~1944은 일식 관측으로 아인슈타인의 일반 상대론을 증명까지 해냈습니다. 아인슈타인은 노벨상을 받기 전에 이미 상대론으로 과학계는 물론 세계적으로 유명한 스타가 되어 있었습니다. 그런데 상대론이 아니라 광전 효과로 노벨상

아인슈타인이 받은 노벨 물리학상 수상 증서

을 받았으니 아무도 믿기 어려웠을 것입니다.

　노벨 위원회는 왜 아인슈타인을 유명하게 만든 상대론을 무시하고 광전 효과로 노벨상을 수여하게 되었을까요?

　여기에는 여러 설이 있습니다. 그중 하나는 상대론이 아직 실험적으로 검증되지 않았다는 이유입니다. 하지만 이는 그렇게 합리적인 이유가 되지는 못합니다. 왜냐하면 1919년 에딩턴이 태양의 중력에 의해서 빛이 휘어지는 현상을 실제로 관찰했기 때문입니다. 상대론에서 예측하는 중력에 의한 빛의 휘어짐이 관찰되었다면, 상대론이 실험적으로 검증된 것이 아닐까요?

　다른 하나는 아인슈타인이 유대인이자 반전주의자라는 이유입니다. 아인슈타인이 광전 효과와 특수 상대론을 발표한 것은 1905년이고, 일반 상대론은 1915년에 완성되었습니다. 아인슈타인이 노벨상을 받은 것은 1922년입니다. 즉, 노벨 위원회는 거의 20년 동안 아인슈타인의 상대론을 무시했던 것입니다.

나중에 밝혀진 것이기는 하지만, 당시 노벨 위원회에 속해 있던 스웨덴 안과 의사 알바르 굴스트란드Allvar Gullstrand, 1862-1930의 일기에서 "세상 사람이 다 아인슈타인에게 노벨상을 주라고 해도 절대 주어서는 안 된다."라는 기록이 발견되었습니다. 이것을 보더라도 당시 노벨 위원회가 얼마나 유대인에 대한 적대감이 컸는지 알수 있습니다.

1921년에는 마땅한 노벨 물리학상 수상자를 찾지 못하면서도 아인슈타인에게 노벨상을 주지 않았습니다. 1922년에 와서야 어쩔 수 없이 1921년 노벨상을 뒤늦게 아인슈타인에게 수여하게 되었습니다. 아마 전년도의 노벨상을 다음 해에 받은 첫 인물이 아인슈타인이 아닌가 생각합니다. 1922년 노벨 물리학상은 보어가 받았습니다. 아인슈타인과 보어는 같은 해에 노벨상을 받았지만, 공식적으로는 아인슈타인의 노벨상이 한 해 앞섰습니다. 이에 대해 보어는 "아인슈타인이 나보다 먼저 노벨상을 받은 것은 정말 잘된 일이다."라고 말했습니다. 보어의 인간미를 보여 주는 말입니다.

그렇다면 노벨 위원회는 왜 상대론이 아닌 광전 효과로 아인슈타인에게 노벨상을 수여했을까요? 노벨 위원회가 밝힌 이유를 보면, 상대론과 중력 이론은 나중에 검증이 되면 받게 되리라는 설명이 덧붙여져 있었습니다. 하지만 이것은 말이 되지 않습니다. 필자의 사견이기는 하지만, 아인슈타인이 상대론으로 너무 유명하게 되는 것이 싫었던 것은 아니었을까요? 아인슈타인에게 노벨상을 주기는 주어야 하겠는데, 유명한 상대론으로 주기는 싫고 다른 것으로 상을 줄 구실을 찾다 보니 광전 효과가 있었던 것은 아니었을까요?

그런데 아인슈타인이 설명한 광전 효과 이론은 노벨상을 받기에는 부족한 논문이었을까요? 절대 그렇지 않습니다. 광전 효과는 실험적으로 잘 알려진 현상이기는 했지만, 그동안의 고전적 이론으로는 도무지 설명할 수 없는 현상이었습니다. 아인슈타인은 새로운 발상으로 이 현상을 아주 간단하게 설명해 버렸습니다.

빛이 파동이라는 사실은 너무나 잘 알려져 있었고, 그 증거도 수없이 많았습니다. 따라서 누구도 빛이 파동이라는 사실을 의심하지 않았습니다. 하지만 아인슈타인은 달랐습니다. 그는 과감하게 빛의 파동성에 얽매이지 않고, 빛은 에너지 덩어리로 행동한다는 소위 광양자설을 주장했습니다. 여기에서 광양자라는 개념은 이후 양자 역학에서 말하는 바로 그 양자입니다. 따라서 광전 효과만으로도 충분히 노벨상을 받을 만합니다. 하지만 일반인이 생각하기에 상대론과 광전 효과를 비교한다는 것은 호랑이와 고양이를 비교하는 것처럼 말도 안 되는 일로 보였던 것이지요.

어쨌거나 아인슈타인은 현대 물리학의 두 거대한 기둥인 상대론과 양자론의 초석을 다 놓은 유일한 물리학자가 되었습니다. 참 아이러니하지 않나요? 아인슈타인이 평생 받아들이지 못했던 양자론의 초석을 자신이 놓았다는 것이 말입니다. 그리고 그가 그토록 인정하지 않았던 양자론으로 노벨상을 받았다는 것이 말입니다.

프린키피아Principia,
프린시페Principe,
프린스턴Princeton

'프린키피아, 프린시페, 프린스턴'을 소리 내어 읽어 보세요. 그다음 각각의 영어 철자를 살펴보세요. 무슨 깊은 관련이 있는 단어들 같지 않습니까?

하지만 이 세 단어는 서로 아무 관련이 없습니다. 만약 아인슈타인이 없었다면 말이지요. 『프린키피아』는 뉴턴의 책 이름이고, 프린시페는 책과는 아무 관련이 없는 아프리카의 작은 섬 이름이며, 프린스턴은 책도 섬도 아닌 미국의 동부에 있는 도시의 이름이자 아인슈타인이 근무했던 대학교의 이름이기도 합니다. 하지만 이 세 단어는 발음도 비슷할 뿐만 아니라 아인슈타인이라는 공통점을 가지고 있습니다.

『프린키피아』는 뉴턴이 집대성한 고전 역학 책입니다. 이 책은 아인슈타인이 나오기 전까지 과학의 성서였습니다. 모든 과학 이론은 이 책을 좀 더 치장하는 일이었습니다. 누가 더 아름답게 치장하느냐가 과학자의 책무라고 생각했던 것입니다. 하지만 아인슈타인은 상대론으로 치장이 아니라 구조를 바꾸어 버렸습니다. 『프린키피아』의 두 기둥인 시간과 공간의 절대성을 무너뜨려 버린 것입니다.

에딩턴이 촬영한 개기 일식 사진
(1919년 5월 29일)

프린시페는 중앙아프리카의 대서양에 있는 작은 섬나라 상투메 프린시페의 섬 이름입니다. 이 섬이 아인슈타인과 연관이 될 국가적·지형적·과학적 요인은 전혀 없습니다. 1919년 5월 29일 개기 일식이 이곳에서 일어나지 않았다면 말입니다. 에딩턴은 아인슈타인의 일반 상대론에서 주장하는, 중력에 의해서 빛이 휘어지는 현상을 측정하기 위해서 프린시페섬에 왔습니다. 그는 실제로 별빛이 태양의 중력에 의해서 휘어지는 현상을 관측했고, 이것이 세계적인 뉴스가 되었습니다. 그래서 아인슈타인이 일약 세계적 명사로 등장하게 되었습니다. 이 작은 섬은 아인슈타인을 유명하게 만들었지만, 오히려 이 섬은 아인슈타인 때문에 유명해졌습니다.

아인슈타인이 아니었으면 많은 사람이 그 섬의 존재에 대해서 관심이나 가졌을까요?

프린스턴은 미국 동부의 뉴저지주에 있는 작은 도시입니다. 이 도시는 프린스턴 대학교가 있는 곳으로 유명하고, 프린스턴 대학교는 아인슈타인이 있었던 대학교로 유명합니다. 아인슈타인이 미국으로 망명해서 자리를 잡은 대학교가 바로 이곳입니다. 프린스턴 대학교에 있는 이론 물리학 연구소에는 아인슈타인과 괴델이 같이 있기도 했습니다. 프린스턴 대학교는 우리나라 초대 대통령 이승만이 다닌 학교이고, 2022년 수학 노벨상이라 불리는 필즈상을 받은 허준이가 교수로 있는 학교이기도 합니다. 그 밖에도 미국 대통령 우드로 윌슨, 아마존 창업자 제프 베이조스, 물리학자 파인먼 등 수많은 인재를 배출한 명문 대학교이기도 합니다.

어원적으로 보나, 실제 의미로 보나 아무 상관이 없는 이 세 단어가 아인슈타인이라는 한 사람으로 묶인다는 것이 참 신기하기도 합니다. 통일장 이론을 만들려고 했던 아인슈타인은 이렇게 다른 세 가지를 하나로 '통일'했습니다.

아인슈타인이 필자에게 이렇게 말하는 것 같습니다. "이 사람아, 통일장 이론은 그렇게 쓰라는 게 아니야!" 그래도 필자는 이렇게 대답할 것입니다. "존경하는 아인슈타인 박사님, 죄송하지만 이 책은 물리학 책이 아닙니다!"

아인슈타인은 세상만사는 하나의 원리로 설명할 수 있다고 믿었습니다. 그는 이 믿음을 가지고 통일장 이론을 만들려고 평생을 노력했으나 실패했습니다. 따라서 이렇게 말도 안 되는 세 단어의 공통점을 찾는 것이 그렇게 말도 안 되는 일은 아닐지도 모르겠습니다. 과학자란 전혀 다르게 보이는 현상 속에도 보이지 않는 공통적인 원리가 존재한다는 믿음을 가지고 연구하는 사람이기 때문입니다.

태양이 사라지고
아인슈타인이 밝아지다

아인슈타인은 자신의 이론이 옳다는 사실을 전혀 의심하지 않았습니다. 아무리 위대한 과학자라고 해도 자신의 이론에 100% 확신을 가지는 것은 쉽지 않습니다. 하지만 아인슈타인은 그럴 수도 있지 않았을까요? 워낙 뛰어난 인물이었으니 그럴 수도 있었을 것이라고 생각해도 무리는 아닐지 모릅니다. 하지만 정말 아인슈타인이 그랬을까요? 그는 정말 자신의 이론을 추호도 의심하지 않았기 때문에 실험적 검증 따위에는 무관심했을까요?

아인슈타인은 중력에 관한 일반 상대론을 발표했지만, 그 이론이 옳다는 것이 실험적으로 확인되지는 않았습니다. 아인슈타인의 이론을 확인하는 방법은 두 가지였습니다. 하나는 수성의 근일점 운동(수성의 타원 궤도에서 타원의 모양이 조금씩 회전하는 현상)과 태양의 중력에 의해서 빛이 휘어지는 현상이었습니다. 이 중 태양의 중력에 의해서 빛이 휘어지는 현상을 확인한다면, 가장 극적으로 아인슈타인의 이론이 확인되는 것이었습니다.

이 현상을 관측하기 위해서는 개기 일식이 일어날 때를 기다려야 합니다. 달이 태양을 완전히 가리게 되면, 태양 뒤 저 멀리에 있는 별빛을 낮에도 관측할 수 있기 때문입니다.

첫 기회는 1914년에 왔습니다. 개기 일식이 일어나는 장소는 지금 우크라이나의 크림반도였고, 일식 관측을 위한 노력은 1911년부터 시작되었습니다. 독일의 젊은 천문학자 에르빈 프로인틀리히Erwin Freundlich, 1885-1964는 이 일식 관측에 관심을 가졌습니다. 아인슈타인은 그의 일식 관측을 위한 원정비 일부를 스스로 부담하면서까지 그 원정이 성사되도록 노력했습니다.

하지만 이런 노력은 결국 물거품으로 돌아가고 말았습니다. 원정대가 출발하고 난 후 바로 독일이 러시아에 선전 포고를 한 것입니다. 원정대는 러시아의 포로가 되고, 장비는 몰수되고 말았습니다. 우여곡절 끝에 프로인틀리히는 포로 교환 협정으로 무사하게 돌아올 수 있었지만, 아인슈타인의 꿈은 좌절되었습니다.

하지만 이 실패는 아인슈타인에게는 행운이었습니다. 아인슈타인이 그때 발표한 일반 상대론은 나중에 약간의 오류가 있었던 것으로 판명이 났기 때문입니다. 만약 일식 관측이 성공했다면, 관측 결과가 아인슈타인이 예측한 것과 상당히 차이가 나서 과학자들을 분명히 실망시켰을 것입니다. 그렇게 되었으면 상대론 자체에 대한 의심도 생겨났을 것이며, 아인슈타인의 명성에도 손상이 갔을 것입니다.

　　다음 기회는 1919년 개기 일식이었습니다. 이때는 다행스럽게도 아인슈타인이 일반 상대론의 오류를 바로잡아 완성한 뒤였습니다. 에딩턴이 중앙 아프리카의 프린시페섬에서 일식을 관측한 것은 제1차 세계 대전의 전운이 채 가시기도 전인 1919년 5월 29일이었습니다. 이때 아인슈타인은 베를린에 있었습니다. 그래도 일식이 언제 일어나는지는 누구나 다 알 수 있었습니다. 당연히 아인슈타인도 에딩턴이

LIGHTS ALL ASKEW IN THE HEAVENS

Men of Science More or Less Agog Over Results of Eclipse Observations.

EINSTEIN THEORY TRIUMPHS

Stars Not Where They Seemed or Were Calculated to be, but Nobody Need Worry.

A BOOK FOR 12 WISE MEN

No More in All the World Could Comprehend It, Said Einstein When His Daring Publishers Accepted It.

〈뉴욕타임스〉에 실린
에딩턴의 개기 일식 촬영 기사
(1919년 11월 10일)

관측하고 있을 그 순간을 머릿속에 그리며, 초조한 마음으로 기다리고 있었을 것입니다. 하지만 이때는 전후의 혼란기였으니, 그 소식을 듣는 것이 쉬운 일은 아니었을 것입니다.

　　아인슈타인은 1919년 9월 22일에 일식 관측 결과를 알게 되었습니다. 이 소식은 로런츠가 먼저 들었고, 그가 아인슈타인에게 전보로 알렸습니다. 아인슈타인은 이 전보를 받았을 때 자신의 대학

원생과 같이 있었습니다. 아인슈타인은 하던 대화를 갑자기 멈추고 대학원생에게 "이것 좀 보게나." 하면서 무심한 듯 전보를 건네 주었습니다. 대학원생이 어떻게 생각하는지 묻자, 아인슈타인은 역시나 무심한 듯 "나는 내 이론이 옳다는 것을 알고 있었어."라고 말했습니다. 이어 대학원생이 만약 실험 결과가 이론과 맞지 않았으면 어땠을 것 같은지 물었더니, 아인슈타인은 "그랬다면 나는 신에게 미안했을 것이야."라고 말했습니다.*

아인슈타인이 자신의 이론을 확신한 나머지 그것의 실험적 검증에는 무관심했다는 세간의 인식은 상당히 잘못된 것입니다. 실제로 아인슈타인은 그 결과에 매우 관심이 많았을 뿐만 아니라 그 결과를 초조하게 기다렸습니다. 에딩턴이 일식을 관측한 이후에 소식을 듣지 못해서 동료 학자에게 편지로 물어보기도 하고, 어머니에게 초조함을 토로하기도 했습니다.

자신의 이론에 대해서 완전한 확신이 있었다면, 왜 그렇게 관측 결과에 초조해했을까요? 아인슈타인도 자신의 이론을 완전하게 확신하지는 못했을까요? 정확한 내막은 알 수 없지만, 아무리 자신의 이론을 확신하고 있었더라도 신이 아닌 인간이라면 '완전히' 확신하는 것은 쉬운 일이 아니고 과학자의 태도도 아니라고 생각

---

* Water Isaacson, *Einstein: His Life and Universe*, Simon & Shuster UK Ltd, 2017, p. 259.

에딩턴(아래 왼쪽), 로런츠(아래 오른쪽),
아인슈타인(위 왼쪽)(1923년)

합니다. 완전한 과학 이론은 존재하지 않습니다. 모든 과학 이론은 완전한 진리를 찾아가는 과정에서 만들어 낸 불완전한 것이기 때문입니다. 따라서 실험으로 검증을 받는 것이 중요하지요.

자신의 이론에 대한 확신도 확신이지만, 아인슈타인은 사람들로부터 인정을 받고 싶은 마음 때문에 초조함을 느낀 것은 아니었을까요? 앞에서 언급한 것처럼 아인슈타인은 일반 상대론을 완성하는 과정에서 힐베르트와 피눈물 나는 각축을 벌였습니다. 하마터면 일반 상대론을 힐베르트에게 빼앗길 뻔한 위기도 겪었고, 자신의 이론을 믿지 못하는 학자들도 많았기 때문에 일식 관측 결과는 아인슈타인에게 매우 중요했을지도 모릅니다.

아무리 대단한 사람일지라도 모든 인간은 나약한 존재입니다. 유머 감각이 뛰어나고 대범했던 아인슈타인에게도 나약한 면이 있었습니다. 이것이 아인슈타인의 인간다움인지도 모릅니다.

아인슈타인은 과학 실험을 할 줄 몰랐을까?

아인슈타인은 이론 물리학자였습니다. 그렇다면 아인슈타인은 실험에는 재주가 없었을까요?

과학은 자연에 존재하는 질서를 찾는 일입니다. 아무리 멋진 이론이라도 실재하는 자연 현상과 맞지 않는다면, 그 이론은 폐기될 수밖에 없습니다. 따라서 과학 실험은 과학의 최종 결정자 역할을 합니다. 아무리 순수한 이론 과학자일지라도 실험과 무관할 수는 없습니다.

아인슈타인은 어린 시절 장난감을 가지고 놀기를 좋아했습니다. 아버지가 사다 준 자석과 나침반을 가지고 놀면서 자석이 서로 힘을 작용하는 현상에 충격을 받기도 했습니다.

아인슈타인은 학교에서도 과학 실험을 아주 좋아했습니다. 하지만 교과서에 나온 방법이나 선생님이 하라는 방법대로 하지 않고, 항상 독특한 자신만의 방법으로 실험하기를 좋아했습니다. 그래서 선생님과 마찰을 빚기도 하고, 실험실에서 사고를 일으켜 다치기도 했습니다.

아인슈타인의 아버지는 아인슈타인이 공학자가 되기를 바랐습니다. 그는 전기 회사를 운영하고 있었기 때문에 아인슈타인이 자신의 사업에 도움이 되리라고 생각했을지도 모릅니다. 실제로 전기 회사의 전력 생산과 관련해서 어려운 문제가 생겼을 때 아인슈타인이 짧은 시간에 해결해서 아버지와 같이 회사를 운영하는 삼촌을 놀라게 했다는 일화도 있습니다.

더구나 아인슈타인은 대학교 일자리를 구하지 못해 특허국에서 근무했습니다. 특허국에서는 고안된 여러 과학적 장치를 엄밀하게 조사해야 합니다. 특히 아인슈타인은 시간 측정과 관련된 특허를 많이 다루었습니다. 이 경험은 상대론의 기초가 된 동시성의 상대성을 설명하는 사고 실험의 토대가 되기도 했습니다.

이런 사실들로 미루어 보면, 아인슈타인이 실험을 싫어했거나 실험에 소질이 없었던 것은 아닙니다. 오히려 반대로 아인슈타인은 실험을 잘했고, 소질도 있었다고 보아야 합니다. 아인슈타인이 실험 물리학 대신 이론 물리학을 선택한 것은 그의 철학적 성향과 관련이 있습니다. 아인슈타인은 자연 현상 자체가 아니라 자연 현상이 일어나는 본질적인 원리에 더 관심이 있었습니다. 이 본질적인 원리는 아인슈타인이 말하는 '신'이었습니다. 아인슈타인의 이러한 정신을 만족시키려면, 실험보다 이론이 더 적합했을 것입니다.

아인슈타인은 이론 물리학자이기는 하지만, 아인슈타인의 이론에는 자신의 이론을 검증하는 실험적 방법도 잘 제시되어 있습니다. 대부분은 실제로 실험에 바로 옮기기에는 기술적으로 어려운 문제가 있어서 아인슈타인은 '사고 실험'이라는 방법을 사용했습니다. 이는 아인슈타인의 엘리베이터 사고 실험처럼 이미 우리가 일상에서 경험하고 있는 사실

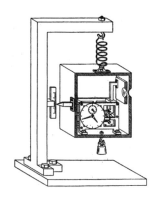

아인슈타인이 양자 역학의 불확정성 원리를 반박하기 위해서 고안한 사고 실험 장치

을 해석하는 독특한 방법을 제시하는 것이기도 했습니다.

잘 알려진 것처럼 아인슈타인은 양자 역학의 불확정성 원리를 받아들이지 않았습니다. 그는 사고 실험 장치를 고안해서 불확정성 원리를 반박하는 논리를 펼쳤습니다. 비록 아인슈타인의 생각이 틀렸다는 것이 판명되기는 했지만, 그만큼 아인슈타인은 자신의 이론을 검증하기 위해서 사고 실험이라는 독특한 방법을 많이 사용했습니다.

아인슈타인의 사고 실험은 실험 물리학자들에 의해서 실제로 검증되기도 했습니다. 과학 실험에서 없어서는 안 될 중요한 실험 장치의 하나일 뿐만 아니라 에테르의 존재를 증명하기 위해서 앨버트 마이컬슨Albert Abraham Michelson, 1852-1931이 만들었던 마이컬슨 간섭계의 아이디어도 아인슈타인이 제안했던 실험 방법이기도 합니다. 하지만 아인슈타인의 이 제안은 이미 마이컬슨 간섭계가 나온 이후에 이루어졌습니다. 아인슈타인은 마이컬슨이 그런 실험을 했다는 사실을 모르고 있었던 것 같습니다. 아인슈타인은 1899년 여름 방학이 끝나고 아라우를 방문했을 때 동료들과 이 실험 방법에 대해서 논의했습니다.[*]

일반 상대론에서 예측하는, 빛이 중력에 의해서 굴절하는 현상을 알아내는 실험도 아인슈타인이 그 방법을 제시했습니다. 수성의 근일점 변화는 물론, 중력에 의해서 빛이 휘어지는 현상을 확인하기 위해서 개기 일식을 이용하는 방법도 실제로 이루어져서 자신의 이론이 입증되기도 했습니다.

아인슈타인은 비록 이론에 더 관심이 많았지만, 그 이론을 구상하는 과정에서 머릿속은 온통 실험으로 가득 차 있었다고 할 수 있습니다. 그 실험이 바로 유명한 아인슈타인의 사고 실험이었습

---

[*] Water Isaacson, *Einstein: His Life and Universe*, Simon & Shuster UK Ltd, 2017, p. 75.

니다.

　사고 실험이라고 해서 현실과는 무관한 공상적인 것이 아니라 오히려 아인슈타인의 사고 실험은 아주 구체적이었고, 기술이 발달하면 실행에 옮길 수 있는 것들이었습니다. 어떤 면에서 아인슈타인의 머릿속은 실험 과학자들보다 더 많은 온갖 실험들로 가득 차 있었다고 할 수 있습니다.

　다만, 아인슈타인은 기술적 어려움에 제한을 받지 않고 할 수 있는 사고 실험을 더 선호했습니다. 사고 실험은 실제 실험과는 달리 상상의 날개를 마음대로 펼칠 수 있는 장점이 있습니다. 아인슈타인은 사고 실험을 즐겼기 때문에 실험적으로 어렵거나 불가능한 것도 '실험'해 볼 수 있었고, 그래서 다른 사람이 생각할 수 없는 이론도 발견할 수 있지 않았을까요?

아인슈타인에게도 10,000시간 10년의 법칙이 적용될까?

위대한 발견은 하루아침에 이루어지지 않습니다.

창의력에 관한 연구 결과에 의하면 10,000시간, 10년의 법칙이 있습니다. 이것은 새로운 발견을 하는 데 필요한 시간의 총량입니다. 아무리 천재라고 해도 이 정도의 시간을 투자해야 새로운 발견이 이루어진다는 통계적인 연구 결과입니다.

이것은 하루에 약 3시간씩 10년에 해당하는 기간입니다. 근로자의 근로 시간이 하루 8시간임을 생각하면 3시간을 순전히 한 가지 생각에 매달린다는 것은, 그것도 하루도 빠짐없이 10년 동안이나 한다는 것은 엄청나게 힘든 일입니다. 하지만 위대한 발견 뒤에는 대단한 집념이 있기 마련입니다.

세기적인 천재라고 일컬어지는 아인슈타인도 예외는 아니었습니다. 오히려 아인슈타인은 10,000시간, 10년의 법칙이 가장 잘 들어맞는 인물이기도 합니다. 다음에 제시하는 아인슈타인이 이룩한 위대한 발견의 연도를 잘 보기 바랍니다.

1895년(빛과 같이 달리다)

1895년 16세였던 아인슈타인은 빛과 같은 속도로 달리면 어떤 일이 생길지 궁금해했습니다. 당시에도 빛이 파동이라는 사실은 잘 알려져 있었습니다. 그는 빛이라는 파동이 진행하는 속도와 같은 속도로 이동한다면, 파동이 진동하는 것이 아니라 정지해 있는 것처럼 보일 수밖에 없다고 생각했습니다. 서핑 선수가 파도와 같이 이동하면 파도의 출렁거림을 느낄 수 없듯이 말입니다.

빛과 같이 달리면서 빛을 보면 파동이 아닌 것이 되고 맙니다. 게다가 아인슈타인은 거울을 들고 빛의 속도로 달리는 상상을 했습니다. 거울과 같이 빛의 속도로 달리면 얼굴에서 거울로 가는 빛은 정지 상태일 테니, 얼굴에서 나온 빛이 거울에 갈 수 없습니다. 그렇게 되면 거울을 들고 있어도 자신의 얼굴을 볼 수 없습니다. 반대로 거울을 들고 뒤로 달리면 얼굴에서 나온 빛이 두 배로 빨리 거울로 가기는 가겠지만, 거울에서 나온 빛이 정지 상태가 될 테니 역시 거울로 자신의 얼굴을 볼 수 없습니다.

거울을 보아도 자신의 얼굴이 보이지 않는다? 거울이 거울이 되지 못하고, 빛이 파동이 되지 못하는 이런 말도 안 되는 현상이 일어난다면 정말 웃기는 세상이 아닐까요?

세상은 돌덩이보다 더 확실한 존재라고 믿고 있었던 아인슈타인에게 이런 세상은 너무나 어처구니없는 것이었습니다. 이 천재 소년에게 이 문제를 해결하기까지는 10년이라는 세월이 필요했습니다.

1905년(기적의 해)

사람들은 1905년을 '기적의 해'라고 부릅니다. 앞에서 언급한 것처럼 특허국에서 근무하던 아인슈타인은 세상을 바꾸어 놓은 네 편의 논문을 한 해에 발표합니다. 이 중 하나는 나중에 아인슈타인에게 노벨상을 안겨 준 이론인 광전 효과입니다. 광전 효과는 금속에 빛을 쪼였을 때 전자가 튀어나오는 현상입니다. 이것은 실험적으로 잘 알려진 사실이지만, 그 현상을 빛의 고전적 파동 이론으로는 설명할 수 없습니다. 아인슈타인은 빛이 그냥 공간에 연속적으로 퍼지는 파동이 아니라 불연속적인 에너지의 덩어리로 되어 있는 광자라고 생각함으로써 광전 효과를 깨끗하게 설명할 수 있었습니다. 즉, 빛이 파동이 아니라 입자라고 주장한 것입니다. 이것은 물리학에서 파동-입자의 이중성에 대한 크나큰 논쟁을 불러일으키는 계기가 됩니다. 그런데 아인슈타인의 '광자'라는 개념은 아인슈타인이 죽을 때까지 받아들이지 못했던 양자 역학의 가장 핵심적인 개념인 양자였습니다. 세상은 참 아이러니합니다. 자신이

'기적의 해'인 1905년
아인슈타인이 특허국에서
근무하며 살았던 집

만든 이론을 죽을 때까지 자신이 받아들이지 못했다는 것이 말입니다.

두 번째 논문은 브라운 운동을 통계학적으로 설명한 것입니다. 당시에도 '원자'라는 개념은 존재했지만, 원자가 존재한다는 실증적인 증거는 없었습니다. 특히 마흐 같은 대단한 학자도 원자를 그냥 편리한 이론적인 개념 정도로 생각했지, 실제로 존재하는 실체로 인정하지는 않았습니다. 아인슈타인은 열역학 법칙을 이용해서 브라운 운동을 정량적으로 설명했습니다. 그는 브라운 운동에 관한 수학적 분석을 통해서 원자의 크기와 수를 결정하는 길을 개척했습니다. 원자를 실증적으로 증명하는 데에 큰 역할을 했던 것입니다.

세 번째 논문은 아인슈타인을 뉴턴과 거의 동등한 반열에 올려 놓은 상대론입니다. 이때 발표한 상대론은 특수 상대론입니다. 특수 상대론은 뉴턴의 절대적인 시간과 공간의 개념을 획기적으로 바꾼 혁명적인 이론이었습니다.

아인슈타인의 상대론은 절대 군주제와 도덕적 가치 체계가 무너지고 새로 등장한 혼란스러운 사회와 그 맥을 같이하고 있습니다. 절대적인 군주가 지배하던 시대에는 절대적인 시간과 공간이 존재하지 않는다는 것은 상상하기도 어려웠을지 모릅니다. 군주제가 무너지고 민주주의가 태동하고 있었지만, 사람들은 아직 이 절대적인 사상에서 벗어나지 못하고 있었습니다. 이때 아인슈타인이 나타난 것입니다. 시간과 공간의 절대성을 부정하는 것은 절대 군주를 부정하는 것과는 차원이 다른 생각입니다. 지금도 전체 인류의 99.9%는 아마도 아인슈타인의 이 생각을 받아들이지 못할 것입니다.

아인슈타인은 절대적인 시공간의 개념을 버리고 빛 속도의 절대성을 받아들임으로써 곱셈과 제곱근에 대한 지식만 있어도 이해할 수 있는 간단한 방법으로 특수 상대론을 완성할 수 있었습니다. 그 전에 로런츠가 로런츠 변환식을 완성했지만, 그는 시공간의 절대성에서 벗어날 수 없었기에 억지스럽게 실험 결과에 맞는 이론을 만들어 냈을 뿐입니다. 하지만 아인슈타인은 전혀 다른 발상으로 너무나 간단하고 쉽게 로런츠가 한 일을 해 버렸을 뿐만 아니라, 인간이 세상을 보는 관점을 바꾸어 버렸습니다.

네 번째 논문은 아인슈타인의 특수 상대론에서 파생되어 나온 것이지만, 일반인들에게는 가장 잘 알려진 $E=mc^2$입니다. 아인슈타인의 상대론은 몰라도 이 식을 모르는 사람은 많지 않을 것입니다. 아인슈타인의 상징처럼 되어 버린 이 식은 질량과 에너지가 같다는 것을 의미합니다. 이것은 원자탄을 만드는 이론이고, 원자로에서 에너지가 만들어지는 원리이기도 합니다. 더구나 태양이 밝고 별이 반짝이는 이유이기도 합니다.

이 네 편의 논문은 어느 하나만으로도 노벨상은 말할 것도 없고, 아인슈타인을 세기적인 과학자로 만들기에 손색이 없는 것들이었습니다. 하지만 아인슈타인이 한 해에 폭포같이 쏟아 낸 네 편의 위대한 논문은 하루아침에 만들어진 것이 아닙니다. 빛과 같이 달리는 상상을 하고 10년이라는 세월이 지난 후였습니다. 더구나 나침반 바늘의 움직임에 충격을 받았던 어린 시절까지 올라가면 20년도 넘는 시간이 흐른 뒤였습니다. '기적의 해'는 기적적으로 온 것이 아니었습니다.

1915년(일반 상대론)

앞에서 언급한 것처럼 상대론은 특수 상대론special relativity과 일반 상대론general relativity으로 나눌 수 있습니다. 특수 상대론은 시공간에 관한 문제이고, 일반 상대론은 중력에 관한 문제입니다. 일반 상대론이 중력과 시공간의 문제를 다루기 때문에 당연히 일반 상대론에는 특수 상대론이 포함됩니다. 그런 이유로 일반general이라는 수식어가 붙은 것입니다.

일반 상대론은 물질(질량)에 의해서 시공간이 달라지는 방식을 설명하는 이론입니다. 물리학자 존 휠러John Archibald Wheeler, 1911-2008는 "물질은 공간이 어떻게 휘어질 것인지를 결정하고, 공간은 물질이 어떻게 운동할 것인지를 결정한다."라는 말로 요약하기도 했습니다.

뉴턴이 운동 법칙 $F = ma$에서 "물체의 운동은 힘이 결정한다."라고 한 것을 아인슈타인은 "물체의 운동은 공간이 결정한다."라고 함으로써 물체의 운동에 대한 완전히 새로운 시각을 제시했습니다.

일반 상대론은 현대 우주론의 핵심 이론입니다. 일반 상대론이 없었다면 빅뱅도 블랙홀도 없었을 것이며, 공상 과학 영화의 단골 메뉴인 시간 여행도 웜홀도 없었을 것이며, 우리의 상상력을 최대한으로 끌어올려 신비한 다중 우주로 날아다니지도 못했을 것입니다.

아인슈타인은 '기적의 해'에 현대 물리학의 가장 큰 두 축인 상대론과 양자론을 모두 만들어 냈습니다. 일반 상대론은 철학이나 신화의 영역에 머물고 있던 우주를 과학의 영역으로 끌어왔는데, 이 역시 아인슈타인이 만들어 냈습니다.

상대론, 양자론, 우주론을 아인슈타인 한 사람이 다 만들어 낸 것입니다. 가장 작은 원자에서 가장 큰 우주에 이르기까지 현대 물리학의 모든 이론이 그로부터 시작되었고 발판이 놓였습니다. 아인슈타인은 어려운 이론을 아주 간단하고 쉽게 정리해 버리는 탁월한 능력이 있었습니다. 모두 고등학교 물리 교과서에서 다루어도 될 정도로 쉽고 간단한 방식으로 제시했습니다. 사물을 깊이 들여다보면 복잡한 것도 단순해집니다. 세상은 복잡해 보여도 아주 단순한 원리의 지배를 받는다는 아인슈타인의 우주관이 있었기 때문에 가능한 일이 아니었을까요?

이렇게 단순한 이론이지만 물리학계를 뒤흔들고도 남을 만한 대단한 일을 박사 학위도 없이 무명이던 시절에 이루었다는 것은 정말 놀라운 일입니다. 뉴턴이 당시로는 만물의 법칙인 '$F=ma$'라는 고전 역학을 완성했었는데, 아인슈타인의 업적이 만물 법칙에까지 미치지 못했을지는 몰라도 뉴턴에 비견할 만한 큰 충격을 안겨 준 것은 사실입니다.

사람들은 아인슈타인의 대단한 업적을 그의 천재성으로 돌리기를 좋아합니다. 하지만 10,000시간 10년의 법칙이 아인슈타인에게도 예외일 수 없었다는 것을 알아야 합니다. 피눈물 나는 노력 없이 발견의 기쁨을 맛볼 수는 없습니다. 고통 없는 발견은 없습니다.

아인슈타인은
고정 관념이 없었을까?

아인슈타인은 모든 권위를 부정하는, 진정으로 자유로운 정신의
소유자였습니다.

앞에서 언급한 것처럼 아인슈타인은 어릴 때부터 학교 선생님
의 권위를 인정하지 않았습니다. 특히 그는 당시 독일 학교에서 이
루어진 엄격한 규율과 암기식·주입식 교육을 극도로 싫어했습니
다. 아인슈타인은 이런 성격 때문에 학교에 적응하지 못했으며, 직
장을 구할 때도 교수들로부터 추천서를 받을 수 없었습니다.

아인슈타인이 군대를 극도로 싫어했던 이유도 군대의 권위적 구
조 때문이었습니다. 아인슈타인이 독일 국적을 포기하면서까지 군
대에 가기를 거절했던 것도 그의 자유로운 성신 때문이었습니다.

아인슈타인은 뉴턴이 자기 이론의 근간으로 삼았던 시간과 공

간의 절대성을 부정했습니다. 그 이유 중 하나는 뉴턴이라는 위대한 인간의 권위조차 인정하지 않았기 때문입니다. 아마 기독교나 유대교도 권위적인 구조와 생각 때문에 받아들이기 어려웠을 것입니다.

그렇다면 아인슈타인은 정말 고정 관념이 없는 완전한 자유인이었을까요?

신이 아닌 한 완전한 사람이란 존재하지 않습니다. 아인슈타인이 아무리 위대하다고 해도 완전한 인간일 수는 없습니다. 그는 모든 권위로부터 자유로운 인간이었습니다. 여기에서 권위는 외부에만 있는 것이 아니라, 자기 자신에게도 있습니다.

아인슈타인은 외부의 권위로부터는 자유로울 수 있었지만, 자신의 내부에서 만들어진 권위는 제대로 인식하지 못했습니다. 그렇다면 아인슈타인의 내부에서 만들어진 권위는 무엇일까요?

그중 하나가 신이라는 개념입니다. 앞에서 언급한 것처럼 아인슈타인이 믿었던 신은 기독교나 유대교에서 말하는 인격적인 신이 아니었습니다. 아인슈타인이 말하는 신은 대자연을 운행하는 원리였습니다.

자연을 지배하는 원리가 있다는 생각도 고정 관념이고 권위일 수 있습니다. 왜 자연에는 자연을 지배하는 원리가 있어야 할까요? 아인슈타인은 이 물음에 답하지 않았습니다. 아니, 묻지도 않았습니다. 아인슈타인은 그냥 믿었습니다. 자유로운 정신의 소유자인 아인슈타인도 자신의 믿음에 대해서는 자유롭지 못했습니다. 그래서 현대 물리학의 두 축 중 하나인 상대론을 만든 사람이 다른 한 축인 양자론을 받아들이지 못했던 것은 아닐까요?

다른 하나는 우주에 대한 관념이었습니다. 아인슈타인은 우주는 시작부터 영원까지 안정된 상태를 유지한다고 생각했습니다. 무한한 공간에 균일하게 별들이 분포해 있는 영구불변인 우주를 생각했던 것입니다. 지구가 태양 둘레를 돌고 태양과 별들이 운동하고 은하까지도 운동하고 있지만, 은하보다 더 큰 우주적 규모로 보면 우주는 안정된 상태를 유지해야 한다고 생각했습니다.

아인슈타인은 일반 상대론의 우주 방정식을 만든 후 고민에 빠졌습니다. 방정식에 오류는 없는 것 같은데, 그 방정식에 의하면 우주는 안정된 상태일 수 없었기 때문입니다.

아인슈타인은 불안정한 우주를 도저히 받아들일 수 없었습니다. 그래서 우주 방정식에 '우주 상수'라는 항을 새로 도입해서 안정적인 우주가 되도록 수정했습니다. 이후 아인슈타인은 이것을 자기 일생일대 최대의 실수라고 회고했습니다. 비록 나중에 이 우주 상수는 아인슈타인의 의도와는 달리 현대의 우주론에 매우 중요한 역할을 하게 되었지만 말입니다.

우주가 안정적이어야 한다는 생각도 아인슈타인 스스로가 만들어 낸 권위의 일종입니다. 누구보다 자유로웠던 아인슈타인도 자신이 만든 고정 관념으로부터는 자유롭지 못했던 것입니다. 우주의 안정성에 대한 고정 관념은 나중에 에드윈 허블Edwin Powell Hubble, 1889-1953에 의해서 우주가 팽창한다는 사실이 밝혀지면서 스스로 잘못을 인정하고 포기할 수 있었지만, 자연의 법칙인 신에 대한 관념은 죽을 때까지 포기하지 못했습니다.

결국 아인슈타인은 권위에 대해서 완전히 자유로운 인간은 아니었습니다. 하지만 그의 자유로움의 정도가 보통 사람이 흉내 낼 수 없는 수준이었다는 것은 인정해야 합니다.

사람들은 아인슈타인의 완전함에 놀라워할까요? 아니면 아인슈타인의 불완전함에 더 놀라워할까요? 아마도 아인슈타인의 실수나 불완전함에 더 놀라워하지 않을까요? 그만큼 사람들의 머릿속에는 아인슈타인은 완전하다는 고정 관념이 자리 잡고 있습니다. 하지만 아인슈타인도 실수하고, 잘못 판단하고, 잘못된 믿음도 가지고 있는 한 인간이었습니다.

아인슈타인의 직관은
언제나 성공적이었을까?

인간의 사고는 두 가지 유형으로 나눌 수 있습니다. 하나는 직관이고 다른 하나는 논리입니다. 과학을 비롯한 모든 학문에서는 이 두 사고 과정이 다 중요합니다. 하지만 사람에 따라서 보다 직관적인 사람이 있고, 보다 논리적인 사람이 있습니다. 그렇다면 아인슈타인은 어느 쪽이었을까요?

아인슈타인은 뛰어난 논리적 사고 능력을 갖추고 있었지만, 논리보다는 직관에 더 의존하는 경향이 있었습니다. 직관은 논리적으로 설명할 수 없으며, 그것이 옳다는 어떤 확신에 가깝습니다. 그런 확신은 어떤 경우에는 허무맹랑할 수도 있고, 어떤 경우에는 잘못된 편견일 수도 있습니다. 직관이 중요한 의미가 있으려면 깊은 통찰의 결과로부터 나와야 합니다. 아인슈타인의 직관은 깊은

베를린 대학교 연구실에
앉아 있는 아인슈타인(1920년)

통찰에서 나왔기 때문에 의미가 있었던 것입니다.

직관은 사물의 부분에 집착하지 않고 전체적인 구조를 볼 때 생깁니다. 아인슈타인은 다른 사람의 논문을 읽을 때 세부적인 논리에 매몰되는 것이 아니라 그 논문 전체가 던지는 궁극적인 의미를 살펴보았습니다. 그 의미에 문제가 있다고 생각하면, 세부적으로 아무리 논리정연하더라도 그 논문이 문제가 있다고 판단했습니다.

아인슈타인이 에테르의 존재를 부정한 것도 논리적인 과정을 통해서 이루어진 것이 아니라 다양한 실험 결과를 통합해 하나의 단순한 이론을 만들어 가는 과정에서 생긴 통찰력에서 비롯되었다고 할 수 있습니다.

상대론을 만드는 과정에서도 로런츠를 비롯한 여러 사람이 했던 것처럼 교묘하게 실험 결과에 맞는 이론을 찾으려고 한 것이 아니라, 시간과 공간에 대한 본질적인 사고로부터 유레카와 같은 갑작스러운 직관이 만들어졌습니다. 이런 직관으로부터 유도해 낸 이론은 단순할 뿐만 아니라, 아인슈타인의 말을 빌리면 '아름답기'까지 합니다.

일반 상대론의 출발점이 된, 관성과 중력의 등가성에 관한 생각도 떨어지는 엘리베이터에 관한 직관적 사고로부터 얻어졌습니다. 이런 직관으로 시작해 논리적인 과정을 거쳐서 복잡한 중력 이론이 탄생하게 되었습니다.

아인슈타인의 직관은 대부분 매우 성공적이었습니다. 아인슈타인은 그런 성공에 도취해서 더욱 직관에 의존하게 되었을지도 모릅니다. 하지만 그의 이런 성향이 항상 성공적이었던 것은 아닙니다.

과학을 연구하는 과정에서 어떤 직관은 도움이 되고, 어떤 직관은 오히려 방해가 되는 것일까요? 이것은 참으로 미묘한 문제여서 정확하게 구분하기는 어렵습니다. 나름 해석을 해 본다면, 어떤 문제에 대해서 그냥 추상적인 믿음이 아니라 실제 현상을 구체적으로 체험하고 이 체험으로부터 생긴 직관은 유용할 수 있지만, 구체적 체험이 아닌 추상적이고 모호한 사고 과정에서 생긴 직관은 유용하지 않을 뿐 아니라 위험하기까지 합니다. 이러한 이유로 사람들이 미신에 빠져들기도 하지요.

아인슈타인이 상대론에서 사용한 직관 중에서 동시성의 상대성에 관한 기차의 사고 실험, 관성력과 중력의 등가에 관한 떨어지는 엘리베이터와 관련한 직관적 사고는 매우 구체적인 상황에 관한 직관이었습니다. 하지만 양자 역학의 확률론적 주장에 반대하는 아인슈타인의 생각은, 자연에는 완전한 질서가 있어야 한다는 매우 추상적이고 철학적인 직관이었습니다. 이런 직관은 의미 있는 직관이 아니라 그냥 '믿음'일 뿐입니다. 믿음에 속하는 직관이 실제 연구에서 반드시 도움이 된다는 보장은 없습니다.

아인슈타인이 말년에 혼신의 힘을 바쳐서 완성하려고 했던 통일장 이론도 마찬가지입니다. 자연에는 하나의 원리가 존재해야 한다는 아인슈타인의 믿음이 그를 통일장 이론으로 몰고 갔습니다. 양자론이나 통일장 이론에서 사용했던 아인슈타인의 직관은 구체적인 상황이 아니고 추상적이었습니다. 통일장이 존재해야 한다는 것은 신의 존재와 마찬가지로 매우 추상적인 직관이었습니다. 불확정성 원리를 받아들이지 않은 것도 결정론적인 우주관이 옳아야 한다는 믿음 때문이었습니다. 탁월한 직관력을 가진 아인슈타인도 이런 직관에서는 그다지 성공하지 못했습니다.

직관은 아인슈타인을 성공으로 이끌기도 했지만, 실패로 몰아가기도 했습니다. 과학을 탐구하려면 직관이 중요하지만, 그 직관은 완전한 것이 아니라 실험을 통해서 검증받아야 하는 잠정적이라는 것을 알아야 합니다.

아인슈타인은
양자 역학을
이해하지 못했을까?

아인슈타인 같은 천재가 양자 역학을 받아들이지 않은 것에 대해서 많은 사람이 의아해하기도 합니다. 현재 대부분 물리학자가 다 받아들이는 양자 역학을 아인슈타인이 받아들이지 못하는 것을 보고, '아인슈타인이 양자 역학을 이해하지 못했거나 오해한 것이 아니었을까?' 하고 생각하는 것도 무리는 아니라고 봅니다.

아인슈타인은 정말로 양자 역학을 제대로 이해하지 못했을까요? 아인슈타인은 광전 효과를 설명하면서 광양자를 처음으로 주장했습니다. 어떻게 보면 양자 역학을 시작한 사람이라고 할 수도 있는 아인슈타인이 양자 역학을 이해하지 못했다는 것은 말이 안 됩니다.

보어와 아인슈타인이
담소를 나누는 모습(1925년)

　결론적으로 말하자면, 아인슈타인은 당시 누구보다 양자 역학을 잘 이해하고 있었습니다. 앞에서 언급한 것처럼 아인슈타인과 보어는 양자 역학에 대해서 과학사에 남은 논쟁을 벌였습니다. 이 내용은 양자 역학을 배우는 사람들에게 좋은 사고 실험의 소재가 되고 있습니다. 아인슈타인이 양자 역학의 문제점을 제기하면 보어는 밤을 새워 그 반론을 재반박하고, 아인슈타인이 또 다른 문제를 제기하면 보어가 다시 반박하는 과정을 되풀이하는 형식이었습니다. 당대의 두 대가가 이런 논쟁을 이어 갔다는 것은 흥미로울 뿐만 아니라 역사적인 사건이기도 했습니다. 이런 논쟁은 양자 역학에 대해서 제대로 알지 않고는 할 수 없는 일입니다. 아인슈타인은 당시 가장 유명한 물리학자였고, 보어는 그의 말이 곧 양자 역학이라고 해도 좋을 사람이었습니다.

아인슈타인과 보어의 논쟁은 모두 보어의 승리로 끝났습니다. 그런데도 아인슈타인은 최종 항복 선언을 하지 않았습니다. 과학에서의 논쟁은 결론이 잘 나지 않는 일반적인 논쟁처럼 결론 없이 끝나기가 쉽지 않습니다. 왜냐하면 과학에서의 논쟁은 실제 자연 현상이라는 최종 심판관이 있기 때문입니다. 자연 현상을 관찰해 보면 누구의 말이 옳은지 판별이 나게 됩니다.

그런데 왜 아인슈타인은 항복하지 않았을까요? 이 논쟁이 매우 추상적이고 철학적인 면을 가지고 있었기 때문입니다. 아인슈타인은 양자 역학이 자연 현상을 잘 설명한다는 사실을 누구보다 잘 알고 있었습니다. 또 양자 역학이라는 학문 체계가 대단한 이론이라는 것도 잘 알고 있었습니다. 하지만 아인슈타인에게는 양자 역학이 최종적인 이론이 될 수 없다는 자기 확신이 있었습니다.

아인슈타인이 이렇게 확신하게 된 것은 우주를 지배하는 확실한 원리가 있어야 한다는 생각 때문이었습니다. 우주의 삼라만상은 그냥 아무렇게나 일어나는 것이 아니고, 확고부동한 원리에 따라 일어난다는 것이었습니다. 이것이 아인슈타인이 믿은 '신'이었습니다.

양자 역학은 아인슈타인에게는 자신의 신을 부정하는 것처럼 보였습니다. 누가 기독교인에게 예수는 신이 아니라고 한다면, 그 말을 그냥 받아들일 기독교인이 어디 있겠습니까? 아인슈타인도 자신의 신을 부정할 수는 없었던 것이지요.

아인슈타인이 양자 역학의 주장에서 받아들일 수 없었던 것은 불확정성 원리지만, 상태의 중첩이나 양자 얽힘처럼 고전 역학과 도저히 양립할 수 없는 현상도 있었기에 양자 역학을 받아들일 수 없었습니다. 특히 양자 얽힘 현상은 아인슈타인뿐만 아니라 제대로 이해하는 물리학자가 없다고 할 수 있을 정도로 이상한 이론입니다. 간단히 설명하면 멀리 떨어져 있는 두 입자가 서로 얽혀 있다는 것인데, 한 입자의 상태를 측정하면 다른 입자의 상태가 순간적으로 결정되어 버리는 현상을 말합니다. 아인슈타인은 이 현상이 틀렸다는 것을 주장하는 논리를 만들어 냈습니다. 그것이 바로 EPR^{Einstein-Podolsky-Rosen} 역설입니다. 이 논쟁은 아인슈타인이 승리하는 것처럼 보였지만, 존 스튜어트 벨^{John Stewart Bell, 1928-1990}이 그것을 검증하는 논리적인 방법인 '벨의 부등식'을 제안했고, 나중에 실험적으로 검증되었습니다. 양자 얽힘 현상이 사실로 밝혀진 것입니다. 물론 아인슈타인은 생전에 이 실험 결과를 보지 못했습니다.

아인슈타인이 이 결과를 보았다면 어떻게 반응했을까요? 자신의 신을 포기했을지, 아니면 또 다른 문제를 제기했을지 아무도 알 수 없습니다. 비록 아인슈타인은 양자 역학과의 싸움에서 승리하지는 못했지만, 아직도 마음속으로 아인슈타인을 지지하는 사람은 이 지구에 차고 넘칠 것입니다.

신은 정말 주사위 놀이를 하지 않을까?

앞에서 언급한 것처럼 "신은 주사위 놀이를 하지 않는다."는 아인 슈타인이 한 말 중에 가장 유명한 말일 것입니다. 이 말은 두 가지 면에서 큰 반향을 불러일으켰습니다.

하나는 아인슈타인이 신의 존재를 믿었다는 것입니다. 하지만 아인슈타인이 믿었던 신은 스피노자가 말했던 대자연을 의미합니다. 아인슈타인에게 신은 물리 법칙이었던 것이지, 기독교에서 말하는 그런 신은 아니었습니다.

그렇다고 아인슈타인이 무신론자라고 하는 것도 곤란합니다. 그는 우주를 다스리는 신의 존재를 부정하지 않았습니다. 실제로 아인슈타인은 자신을 무신론자라고 하는 것도 싫어했습니다. 아

"신은 주사위 놀이를 하지 않는다."라는 명언을 남긴 아인슈타인

인슈타인이 믿었던 신은 어느 종파에서 주장하는, 지구의 인간들에게만 관심이 있는 그런 신이 아니라 우주를 다스리는 더 대단한 신이었다고 할 수 있습니다.

　다른 하나는 양자 역학과 관련된 문제입니다. "신은 주사위 놀이를 하지 않는다."는 양자론의 불확정성 원리를 아주 잘 반박하는 말이기도 합니다. 하지만 이 말은 불확정성 원리를 이해하기 위해서 넘어야 하는 관문이기도 합니다. 아인슈타인의 이 말은 양자 역학의 논쟁에 불을 지폈습니다. 특히 앞에서 언급한 것처럼 양자 역학의 창시자라고 할 수 있는 보어와의 논쟁은 유명합니다. 보어는 아인슈타인에게 "아인슈타인 박사님, 신이 주사위를 가지고 무엇을 하건 간섭하지 마세요."라고 말하기까지 했습니다.

여러분은 어떻게 생각합니까? 신이 주사위 놀이를 할까요? 주
사위 놀이를 한다는 말은 어떤 결정을 합리적인 생각으로 하는 것
이 아니라 우연에 맡기는 것을 의미합니다.
주사위 놀이를 하는 신에게 기도한다고 가정해 봅시다. 여러분
이 기도하면 신은 어떻게 할까요? 일단 주사위를 던져 보겠지요?
주사위에 어떤 숫자가 나오는지 보고 기도를 들어줄지 말지 결정
한다면, 그런 신에게 기도할 사람이 어디 있을까요?
아인슈타인은 신이 그렇게 한다는 것을 절대로 인정할 수 없었
습니다. 아마 대부분 사람은 아인슈타인의 이 말에 동의할 것입니
다. 대부분 과학자도 마음속으로는 아인슈타인의 생각에 동조할
것입니다. 하지만 양자 역학에서는 신이 정말로 주사위를 던지는
것처럼 보입니다.

양자 역학에서는 어떤 현상이 일어나는 것은 전적으로 확률적
이라고 주장합니다. 하지만 우리가 일상에서 경험하는 자연 현상
은 확률적이 아니라 엄격한 인과 원리에 의해서 일어나고 있는 것
처럼 보입니다. 그런데 왜 양자 역학에서는 모든 것이 확률적이라
고 하는 것일까요?
양자 역학은 원자 세계를 연구하면서 나온 이론입니다. 전자처
럼 아주 작은 입자의 행동은 돌멩이나 바위처럼 큰 물체의 행동과

는 전혀 다른 특성을 보입니다. 돌멩이 하나는 오늘 여기에 두면 내일도 여기에 있지만, 전자는 지금 여기에 있어도 다음 순간 어디에 있을지 알 수 없습니다. 이 '알 수 없음'은 우리의 능력이 부족해서가 아니라 자연의 본질이 그렇다는 것입니다. 즉, 신도 모른다는 것입니다.

전지전능한 신이 모르는 것이 있다는 것은 모순입니다. 아인슈타인은 신의 존재를 믿었기 때문에 양자 역학의 이런 주장을 도저히 받아들일 수 없었던 것입니다.

하지만 세상은 아인슈타인의 생각과는 다르게 흘러갔습니다. 지금은 거의 모든 과학자가 양자 역학의 확률론적 결론을 받아들이고 있습니다. 또 우리의 일상에서 양자 역학이 옳다는 것이 증명되고 있습니다. 믿거나 말거나 여러분의 손에 있는 핸드폰이 그것을 증명하고 있습니다.

그렇다면 모든 과학자가 양자 역학의 불확정성 원리를 믿을까요? 그렇지는 않다고 봅니다. 불확정성 원리를 '받아들이는 것'과 '믿는 것'은 같은 말이 아닙니다. 대부분 과학자가 양자 역학을 받아들이기는 하지만 다 믿는 것은 아닐지 모릅니다. 아인슈타인도 그런 과학자였습니다.

아인슈타인도 양자 역학이 자연 현상을 잘 설명할 수 있다는 것을 알았습니다. 하지만 그는 양자 역학이 자연 현상을 확률적으로밖에 설명할 수 없는 것은 아직 우리가 자연을 잘 알지 못하기 때문이고, 좀 더 연구한다면 확률적이 아니라 결정적으로 설명할 수 있는 이론을 찾을 수 있으리라고 믿었습니다.

그래서 아인슈타인은 양자 역학이라는 이론이 가지고 있는 논리적인 모순을 증명하고자 했습니다. 이를 위해 그는 대단히 정교하고 교묘한 사고 실험 방법을 고안했는데, 이것이 앞에서 언급한 EPR 역설입니다. 간단히 설명하자면, 양자 역학이 옳다면 모순에 봉착한다는 논리입니다. 하지만 이 논리는 그 후에 논리적으로도 실험적으로도 옳지 않다는 것이 증명되었습니다.

이제 신은 주사위 놀이를 하는 신이 되어 버렸습니다. 스티븐 호킹Stephen William Hawking, 1942-2018은 "신은 주사위 놀이를 즐길 뿐만 아니라, 주사위를 아무도 모르는 곳에 던지기도 한다."라고 말했고, 어떤 이는 "신은 주사위 놀이를 할 뿐만 아니라 그 놀이를 즐긴다."라고 말하기까지 했습니다.

신은 정말 주사위 놀이를 할까요? 과학자들은 양자 역학을 받아들이지만, 그들에게도 주사위 놀이를 하는 신의 모습이 불편하기는 마찬가지일 것입니다. 여러분은 어떻게 생각합니까? 주사위 놀이를 하는 신이 불편하게 느껴집니까? 그래도 자책하지 마세요. 불편하게 느껴진다면 양자 역학을 이해할 준비가 된 사람입니다. 주사위 놀이를 하는 것이 신의 잘못일 수는 있어도 절대로 여러분의 잘못은 아닙니다.

지금까지 아인슈타인이 살아 있었다면 노벨상을 몇 개나 받았을까?

아인슈타인은 아쉽게도 상대론으로 노벨상을 받지 못하고 세상을 떴습니다. 만약 아인슈타인이 지금까지 살아 있었다고 해도 그랬을까요? 당연히 그는 상대론으로 노벨상을 받았을 것입니다. 상대론뿐이었을까요? 아마 양자론으로도 노벨상을 여러 개 받았을지도 모릅니다.

역사적으로 노벨상을 두 번 받은 사람은 총 네 명입니다. 마리 퀴리(1903년 물리학, 1911년 화학), 라이너스 폴링(1954년 화학, 1962년 평화), 존 바딘(1956년 물리학, 1972년 물리학), 프레더릭 생어(1958년 화학, 1980년 화학)이지요. 따라서 아인슈타인이 노벨상을 두 개, 아니 그 이상을 받는다고 해도 전혀 이상한 일이 아닙니다. 하지만 노벨상은 살아 있는 사람에게만 수여되는 상입니다. 따라서 아인슈타인이 다시 노벨상을 받을 일은 없습니다.

만약 아인슈타인이 지금까지 살아 있었다면 노벨상을 몇 개나 받을 수 있었을까요? 아인슈타인이 노벨상을 한 개, 그것도 상대론이 아닌 광전 효과로 받았다는 것이 너무 믿어지지 않아서 이런 상상을 해 봅니다.

가장 먼저 아인슈타인은 상대론으로 노벨상을 받았을 것입니다. 상대론은 매우 추상적이고 철학적인 내용을 담고 있기는 하지만, 지금은 실험적으로도 확실하게 검증된 이론입니다.

우선 아인슈타인은 특수 상대론으로 노벨상을 받았을 것입니다. 상대론에서 예측하는 시간의 문제는 우리의 일상생활에 깊숙이 들어와 있습니다. 여러분이 사용하고 있는 내비게이션의 GPS가 바로 그것입니다. GPS는 인공위성에서 지표면까지 빛(전파)이 오는 데 걸리는 시간의 상대론적 보정을 해야 합니다. 그렇지 않으면 위치 오차가 너무 커서 사용할 수 없습니다. 따라서 아인슈타인은 특수 상대론을 발견한 공로로 노벨상을 받았을 것입니다.

다음으로는 중력에 관한 문제입니다. 아인슈타인의 일반 상대론은 중력파의 존재를 예언하고 있습니다. 중력파는 관측하기가 너무 어렵습니다. 하지만 중력파의 관측은 실제로 이루어졌고, 그 공로로 2017년 라이너 바이스Rainer Weiss, 배리 배리시Barry Barish, 킵 손Kip Thorn 세 사람이 공동으로 노벨 물리학상을 받았습니다. 그런데 중력파 이론을 만든 사람과 그것을 발견한 사람 중에 누가 더 중력파에 공헌했다고 할 수 있을까요? 아인슈타인이 중력파에 관한 이론을 만들지 않았다면, 그것을 측정할 생각을 어느 누가 할 수 있었을까요? 따라서 아인슈타인 역시 최소한 공동 수상은 했을 것입니다.

2001년 노벨 물리학상은 에릭 코넬Eric Allin Cornell, 볼프강 케테를레Wolfgang Ketterle, 칼 위먼Carl Edwin Wieman이 보스-아인슈타인 응축 현상으로 받았습니다. 이것은 인도의 물리학자 사티엔드라 보스Satyendra Nath Bose, 1894-1974와 아인슈타인이 공동으로 연구한 이론적 결과였습니다. 세 사람은 이 현상을 실제로 구현함으로써 노벨상을 받았습니다. 하지만 안타깝게도 이 현상을 이론적으로 확립한 아인슈타인과 보스는 여기에 끼지 못했습니다. 아인슈타인과 보스가 그때까지 살아 있었다면 당연히 노벨상을 받았을 것입니다.

우리가 사용하는 레이저 광선도 아인슈타인의 이론을 토대로 한 것입니다. 1964년 노벨 물리학상은 레이저를 발명한 공로로 찰스 타운스Charles Hard Townes, 1915-2015 등이 받았습니다. 하지만 레이저의 원리를 이론적으로 만든 사람은 아인슈타인이었습니다.

한 가지 중요한 것이 더 있습니다. 바로 노벨 평화상입니다. 과학자로서 노벨 평화상을 받은 사람은 앞에서 소개했던 라이너스 폴링Linus Carl Pauling, 1901-1994입니다. 그는 아인슈타인과 마찬가지로 나치에 저항했으며, 원자핵의 평화적 이용에 헌신한 이유로 1962년 노벨 평화상을 받았습니다. 만약 아인슈타인이 그때까지 살아 있었다면 노벨 평화상이 누구에게 돌아갔을까요? 아인슈타인이 받았거나 최소한 폴링과 공동 수상이라도 했을 것입니다.

최근에 대중적인 관심을 불러일으키고 있는 우주에 관한 문제는 전적으로 아인슈타인의 중력 이론에 바탕을 두고 있습니다. 아인슈타인이 만든 우주 방정식이 아니었으면 블랙홀도, 빅뱅도 없었을 것입니다. 아인슈타인이 아니었으면 사람들은 SF 영화나 소설에 자주 등장하는 다중 우주나 웜홀 같은 것도 상상하지 못했을 것입니다.

사실, 아인슈타인은 노벨상에 큰 관심이 없었고, 상대론으로 노벨상을 받지 못한 것에도 그렇게 서운해하지 않았던 것 같습니다. 그는 이미 노벨상 수상자도 누릴 수 없는 영광을 누리고 있었기 때문입니다.

노벨상을 받지 못한 사람에게는 노벨상이 대단한 것 같지만, 노벨상을 받을 만한 수준에 오른 과학자에게는 노벨상이 그렇게 대단하지 않을 수도 있습니다. 노벨상이 주는 희열보다 발견의 희열이 더 클 때, 진정한 과학자가 되는 것이 아닐까요?

제3장

아인슈타인의 과학

노벨상을 받다

'아인슈타인' 하면 바로 생각나는 것은 상대론일 것입니다. 하지만 앞에서 언급한 것처럼 아인슈타인에게 노벨상을 안겨 준 것은 상대론이 아니라 광전 효과입니다. 그렇다고 광전 효과가 노벨상을 받을 만한 자격이 없다는 말은 절대 아닙니다. 다만, 그 유명한 상대론을 두고 어떻게 광전 효과로 노벨상을 받게 되었느냐는 것이지요. 하지만 광전 효과를 설명하는 아인슈타인의 광양자설은 양자 역학의 성립에 매우 중요한 역할을 한 대단한 발견입니다.

광전 효과

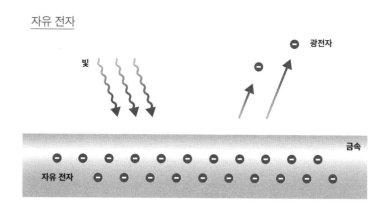

자유 전자

빛

광전자

금속

자유 전자

금속의 자유 전자

금속 내부에는 자유 전자가 있다.
이 자유 전자는 빛을 받으면 금속 밖으로 튀어나오게 된다.

　광전 효과 자체는 아인슈타인이 발견한 것이 아니라 이미 과학
계에 잘 알려진 사실이었습니다. 광전 효과는 간단히 말하면 금속
에 빛을 쬐면 전자가 튀어나오는 현상입니다. 고등학교 교과서에
도 나오는 아주 잘 알려진 현상이지요.

　여러분이 잘 아는 것과 같이 금속에는 '자유 전자'가 있습니다.
자유 전자란 말 그대로 자유롭게 돌아다니는 전자를 말합니다. 원
자는 원자핵과 그 주변에 있는 전자로 이루어져 있습니다. 이 세상
모든 물질에는 전자가 있습니다. 하지만 전자는 원자핵에 붙잡혀
있습니다. 양전기인 원자핵과 음전기인 전자가 서로 당기고 있기

때문입니다. 하지만 금속에는 어느 한 원자에 붙잡혀 있지 않고, 이 원자에서 저 원자로 자유롭게 다닐 수 있는 전자가 있습니다. 이 전자를 자유 전자라고 부르는 것이지요. 금속에 전기가 잘 통하는 것도 자유 전자가 있기 때문입니다.

광전 효과의 실험과 그 결과에 대한 설명

오른쪽 그림은 광전 효과를 실험하는 장치를 나타낸 것입니다. 진공관에 두 전극을 설치하고, 전극을 금속 선으로 연결한 것입니다. 한 극에 금속판을 설치하고, 이 금속판에 빛을 쬐는 아주 간단한 장치를 '광전관'이라고 합니다. 빛을 비췄을 때 튀어나오는 전자를 '광전자'라고 합니다.

광전자라고 해서 보통 전자와 다른 것은 아닙니다. 모든 전자는 다 같은 전자입니다. 다만, 빛을 비췄을 때 나온 전자라고 해서 광전자라고 부를 뿐입니다.

이 광전자의 에너지와 쬐어 준 빛의 에너지(세기와 진동수)의 관계를 조사하는 것이 바로 광전 효과 실험입니다. 측정 결과 다음과 같은 사실을 알게 되었습니다.

첫째, 광전자의 수는 빛의 세기에 비례한다.
둘째, 광전자의 최대 에너지는 빛의 파장에 반비례한다.
셋째, 광전자의 최대 에너지는 빛의 세기와는 무관하다.

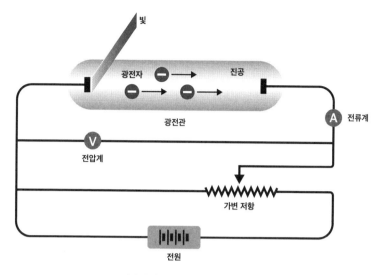

광전 효과 실험 장치 개념도

광전관은 진공으로 되어 있고, 금속판에 빛을 쬐면 전자(광전자)가 튀어나온다.
이 전자의 에너지와 빛의 파장과의 관계를 조사하는 실험이다.

첫째 결과는 당연합니다. 센 빛이란 에너지가 큰 빛이라는 말이므로, 많은 에너지를 공급하면 많은 전자가 튀어나오게 됩니다.

둘째 결과는 설명이 필요합니다. 빛은 파동이기 때문에 파장이 긴 것도 있고 짧은 것도 있습니다. 파장이 길다는 것은 진동수가 작다는 것을, 파장이 짧다는 것은 진동수가 크다는 것을 의미합니다. 자외선은 가시광선보다 파장이 짧고, 적외선은 가시광선보다 파장이 깁니다. X선은 자외선보다 파장이 짧습니다. 파장이 짧으면 짧을수록 에너지가 커서 영향력도 큽니다. 자외선에 피부가 타는 것은 자외선이 피부에 더 강한 자극을 주기 때문입니다. 따라서 파장이 짧은 빛을 금속에 쬐면, 에너지가 더 큰 전자가 튀어나오게 됩니다.

문제는 셋째 결과입니다. 튀어나오는 전자의 에너지는 빛의 진동수(파장)에 관계되지, 빛의 세기와는 무관합니다. 상식적으로 생각했을 때 센 빛을 비추면 당연히 더 에너지가 큰 전자가 튀어나와야 할 것 같지만, 실험 결과는 전혀 그렇지 않습니다. 센 빛을 비추면 전자가 더 많이 나오기는 하지만, 아무리 센 빛을 비춰도 나오는 전자 각각의 에너지는 달라지지 않습니다. 더욱 이상한 사실은 빛의 파장이 어느 정도 길어지면, 아무리 센 빛을 비춰도 전자가 전혀 튀어나오지 않는다는 것입니다.

빛의 에너지는 빛의 파장에도 관계되지만, 빛의 세기에도 관계됩니다. 그런데 왜 나오는 전자의 에너지는 빛의 세기와 무관할까요? 이것은 당시 과학계가 해결하지 못한 문제였습니다.

당시에도 빛이 파동이라는 사실은 잘 알려져 있었습니다. 파동은 공간에 골고루 퍼지는 특징이 있습니다. 물결파를 생각해 보세요. 물 한 방울이 고요한 수면 위에 떨어지면 동심원 파형이 생깁니다. 이 파형은 멀리 퍼져 나갈수록 점점 약해집니다. 파동의 에너지가 더 넓은 공간에 퍼지기 때문입니다.

금속에 빛을 비추는 상황을 생각해 볼까요? 빛은 금속에 골고루 퍼질 것이고, 금속에 있는 여러 자유 전자도 골고루 이 빛을 만나게 될 것입니다. 각 전자는 자신에게 온 빛의 에너지를 흡수할 것이고, 센 빛을 비추면 더 많은 에너지를 흡수하게 될 것입니다. 그렇게 되면 같은 파장인 빛이라도 센 빛을 비추면 전자가 얻을 수 있는 에너지도 증가하지 않을까요? 하지만 실험 결과를 보면, 한 전자가 받는 에너지는 빛의 세기와는 무관하고 오직 빛의 파장에만 관계됩니다.

실험 자체는 아주 간단하지만, 당시의 물리학 지식으로는 실험 결과를 해석하지 못했습니다. 아주 복잡한 현상이라면 설명을 잘 하지 못해도 크게 실망하지 않겠지만, 광전 효과는 너무 간단한 현상입니다. 간단하게 설명할 수 있을 것 같은데 예상외로 어려웠던 것이지요. 따라서 과학자들은 더욱 안달할 수밖에 없었습니다.

광자의 에너지를 E, 빛의 진동수를 v라고 하면 다음 관계가 성립합니다.

$$E = h\nu$$

여기에서 h는 비례 상수인데, 양자 역학에서는 이것을 플랑크 상수라고 부릅니다. 이 식은 입자와 파동을 연결하는 매우 중요한 관계식입니다. v는 파동의 진동수이고, E는 광자의 에너지이기 때문입니다. 이처럼 양자 역학에서는 파동이 입자이기도 하고, 입자가 파동이기도 하다고 주장합니다.

금속에 비춰 주는 빛의 진동수를 v, 금속에서 튀어나오는 전자의 운동 에너지를 E라고 하면 다음 관계가 성립합니다.

$$E = h\nu - W$$

여기에서 W는 전자가 겨우 금속을 탈출할 수 있는 에너지를 말합니다. 이것을 '문지방 에너지'라고도 하고 '일함수work function'라고도 합니다. 여기에 오른쪽 그림과 같이 진공관의 두 극에 전압을 걸어 나오는 전자에 제동을 걸면 점점 전자의 운동 에너지가 작아지고, 어느 정도 높은 전압이 걸리면 전자가 나오지 못하게 됩니다. 이 전압을 V라고 하면, 다음과 같은 식이 성립합니다.

$$eV = h\nu - W$$

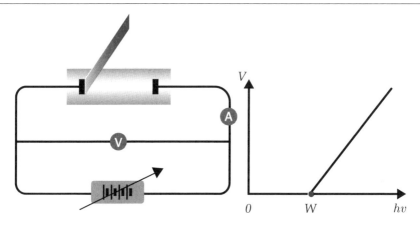

광전 효과의 실험 결과

빛의 파장(진동수)과 광전자의 에너지를 측정한 그래프이다.
광전자의 에너지는 빛의 파장(진동수)에 반비례(비례)한다.

결국 eV는 전자의 운동 에너지와 같습니다. 광전 효과 실험은 이 전압과 빛의 진동수 v와의 관계를 조사하는 것이라고 할 수 있습니다. 이런 실험을 통해서 W를 측정하면, 금속이 전자를 얼마나 세게 붙잡고 있는지 알 수 있습니다.

금속이 전자를 얼마나 잘 붙잡고 있는지는 바로 금속의 전기적인 특성이 됩니다. 금속의 특성을 연구하기 위해서는 광전 효과를 이용하는 것도 좋은 방법입니다.

광양자 가설

젊은 시절 아인슈타인은 빛에 관한 기존의 파동 이론을 무시하고, 오직 광전 효과를 설명하기 위해서 과감한 발상을 했습니다.

아인슈타인은 빛이 파동이 아니라 알갱이라면 쉽게 설명된다는 것을 알아차렸습니다. 왜 그럴까요? 여기 솜 구슬과 쇠 구슬이 있고, 이 두 구슬을 유리컵에 던진다고 생각해 봅시다. 솜 구슬은 아무리 많이 던져도 유리컵이 깨지지 않을 것입니다. 하지만 쇠 구슬은 한 개만으로도 유리컵을 깰 수 있을 것입니다. 솜 구슬의 전체 에너지가 쇠 구슬 한 개의 에너지보다 엄청 크다고 해도 솜 구슬 한 개의 에너지는 쇠 구슬 한 개의 에너지에 비하면 너무 작기 때문입니다. 이렇게 작은 에너지를 가진 솜 구슬이 아무리 많다고 해도 유리컵을 깰 수 있을까요?

빛이 알갱이고, 파장이 짧은 빛 알갱이는 쇠 구슬처럼 에너지가 큰 것이고, 파장이 긴 빛 알갱이는 솜 구슬처럼 에너지가 작다고 한다면 어떨까요? 파장이 짧은 빛은 아무리 약한 빛이라도 쇠 구슬과 같습니다. 따라서 한 개만 전자를 때려도 전자가 튀어나오겠지만, 파장이 긴 빛은 아무리 많이 비춰도 솜 구슬이므로 전자가 튀어나올 수 없습니다. 얼마나 간단합니까? 빛이 파동이 아니라 알갱이라고 생각하면 광전 효과는 너무 쉽게 설명이 됩니다. 이 빛 알갱이를 '광양자' 또는 '광자'라고 부릅니다.

그런데 왜 아인슈타인이 아닌 다른 사람들은 이 간단한 설명 방법을 알지 못했을까요?

　아인슈타인은 광전 효과를 설명하기 위해서는 빛이 입자처럼 행동하지 않으면 안 된다는 것을 알았던 것입니다. 아인슈타인의 위대함은 어렵고 힘든 과정을 거쳐서 복잡한 설명 방법을 찾아내는 것이 아니라 세상을 보는 방식을 바꿈으로써 어려운 것도 쉽게 설명하는 데 있습니다. 당시 사람들은 빛이 파동이라는 생각에서 벗어날 수 없었습니다. 아인슈타인이라고 빛이 파동이라는 사실을 몰랐을까요? 그도 당연히 알았습니다. 빛이 파동이라는 사실은 빛의 간섭과 회절은 물론, 맥스웰의 전자기파 방정식으로도 잘 알려져 있었기 때문입니다.

　하지만 아인슈타인은 달랐습니다. 자연 현상을 설명하지 못하는 이론은 과감히 던져 버릴 수 있어야 합니다. 아무리 위대한 사람이 주장한 것이어도 말입니다.

　아인슈타인은 광전 효과를 설명하기 위해서는 빛이 파동이지만, 에너지를 주고받을 때는 에너지를 어떤 묶음 단위로만 주고받는다고 생각했습니다. 그는 이것을 광양자라고 불렀습니다. 빛이 양자라는 알갱이고 빛 양자의 에너지는 파장에만 관계된다고 생각하면, 광전 효과는 삼척동자도 설명할 수 있는 간단한 일이 되고 맙니다.

광양자설의 의미

파동인 빛이 가지고 있는 에너지가 연속적이 아니라 불연속적인 어떤 에너지 다발로 되어 있다는 생각, 다시 말하면 '광양자'라는 생각은 이후 양자 역학의 형성에 결정적인 역할을 하게 됩니다. 광양자가 바로 양자 역학에서 말하는 '양자'이기 때문입니다. 양자 역학에서는 빛뿐만 아니라 모든 에너지가 양자화되어 있다고 주장합니다.

참 이상한 일이지요. 아인슈타인이 죽을 때까지 받아들이지 못했던 양자 역학의 양자를 아인슈타인이 발견했다는 것이 말입니다.

그렇다면 왜 아인슈타인은 이런 모순을 스스로 만들어 낸 것일까요? 아인슈타인도 에너지가 어떤 불연속적인 양으로 서로 주고받는다는 것을 믿었습니다. 하지만 에너지 자체가 불연속적인 것으로 되어 있다고 믿은 것은 아니었습니다. 아인슈타인은 빛이 그렇게 행동하는 것이지, 에너지가 불연속적으로 되어 있어서 그런 것은 아니라고 생각했습니다. 빛 에너지의 불연속성과 불확정성 원리가 같은 현상이라고 생각하지 않았던 것입니다. 아인슈타인은 자연이 왜 불연속적으로 되어 있는지 모르기는 하지만 그 이면에는 우리가 모르는 원리가 있을 것이라고 믿었던 것이지, 불확정성 원리가 우주의 본질이라고 생각하지는 않았습니다.

시간과 공간을 만들다

아인슈타인의 상대론은 뉴턴 이래 가장 획기적인 과학적 발견이라고 할 수 있습니다. 모든 과학자의 확고한 믿음이자 자연 과학의 주춧돌과도 같은 시간과 공간의 절대성을 부정하고, 새로운 시공간 개념을 확립했기 때문입니다.

상대론은 양자 역학과 함께 현대 물리학의 두 큰 기둥 중 하나가 되었습니다. 상대론은 그냥 하나의 대단한 과학 이론이 아니라 고전 역학, 양자 역학, 진화론과 함께 인류 정신사에 남을 위대한 사상입니다.

상대성 원리

관찰자와 기준계

과학은 자연 현상을 설명하는 일입니다. 자연 현상을 알기 위해
서는 관찰해야 하고, 관찰하기 위해서는 관찰자가 있어야 합니다.

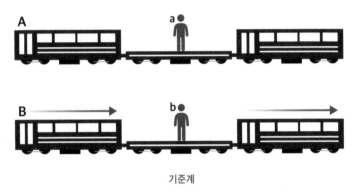

기준계

정지해 있는 기차와 달리는 기차를 타고 있는 두 관찰자는
각자 자신의 기차가 정지해 있고, 상대방 기차가 운동하고 있다고 주장하게 된다.

여기 두 기차, A와 B가 있다고 합시다. 두 기차에는 각각 a, b라
는 두 사람이 타고 있습니다. A는 정지해 있고, B는 달리고 있다고
합시다. 그러면 a는 당연히 자신이 탄 기차가 정지해 있다고 생각
하겠지요? 그런데 b도 A가 정지해 있다고 생각할까요? 합리적으
로 생각하는 사람이라면, 주위의 배경을 보면서 당연히 A가 정지

해 있고 자신이 움직이고 있다고 생각할 것입니다. 하지만 세상에 두 기차만 있고, 땅이나 배경은 보이지 않는다고 합시다. 이런 경우에도 b는 A가 정지해 있고 자신이 움직인다고 생각할까요?

이 상황은 상대론을 이해하기 위해서 매우 중요합니다. 여러분도 내가 탄 기차가 가고 있는 줄 알았는데, 실제로는 옆에 있는 기차가 가고 있었던 경험을 해 본 적이 있지요? 그런데 야외에서 자동차를 타고 갈 때는 이런 착각을 잘 하지 않습니다. 왜 그럴까요? 그 이유는 땅, 나무, 산, 건물 등이 배경으로 자리 잡고 있기 때문입니다. 하지만 다른 배경이 보이지 않고 기차만 보이는 기차역에서는 착각하기 쉽습니다.

만약 배경이 전혀 없는 상황이라면, 착각이라는 것을 눈치챌 방법이 있을까요? 없습니다. 모든 관찰자는 자신의 기준에서 판단할 수밖에 없습니다. 그렇다면 자신의 기준은 무엇일까요? a는 자신이 타고 있는 기차 A가 기준이고, b는 자신이 타고 있는 기차 B가 기준입니다. 그래서 a는 자신이 정지해 있고 b가 움직이고 있다고 생각하지만, b는 자신이 정지해 있고 a가 움직이고 있다고 생각합니다. 그리고 이 두 사람 중에 어느 사람이 '실제로' 움직이는지 알 방법이 없습니다. 물론 땅이라는 특별한 기준이 있다면 어느 기차가 실제로 움직이는지 알 수 있지만, 땅과 같은 특별한 기준이 없다면 실제로 어느 기차가 움직이는지 알 방법은 없습니다.

그런데 생각해 보세요. '땅'은 절대적인 기준이 될 수 있을까요?

지구는 자전과 공전을 하고 있습니다. 따라서 땅도 가만히 있는 것이 아니라 움직이고 있으므로 좋은 기준계는 아닙니다. 지구를 벗어나 우주여행을 할 때 땅을 기준으로 생각하는 것은 웃기는 일이 아닐까요? 그때는 지구가 아니라 태양을 기준으로 생각하는 것이 더 편리합니다. 그렇다면 태양은 완전한 기준일까요? 태양계에서는 태양이 좋은 기준이 될 수 있습니다. 하지만 태양도 수많은 별 중 하나에 불과합니다. 은하계에서 보면 태양도 움직이고 있습니다. 따라서 은하를 여행할 때는 태양을 기준으로 하는 것이 좋은 일은 아닙니다.

뉴턴은 절대적인 시간과 공간이 존재한다고 생각했지만, 아인슈타인은 우주에 절대적인 기준은 존재하지 않는다고 생각했습니다. 아인슈타인 이전에는 누구도 감히 이런 생각을 하지 못했습니다. 하지만 아인슈타인의 이 생각이 그렇게 어려운 것은 아닙니다. 자신이 믿고 있던 고정 관념에서 벗어나지 못하기 때문에 어렵게 생각되는 것이지, 고정 관념에서 벗어나면 전혀 어려운 생각이 아닙니다.

모든 관찰자는 자신의 기준에서 관찰할 수밖에 없고, 어느 기준이 더 좋은 기준이라고 할 수 없습니다. 이것이 상대론의 출발점입니다. 기준을 조금 고급스럽게 '기준계'라고 합니다. 앞 그림에서는 a, b가 관찰자이고 A, B가 기준계지요.

관성 기준계와 비관성 기준계

모든 물체에는 관성이 있습니다. 외부로부터 아무런 힘도 작용하지 않는 자유로운 물체는 자신의 상태를 그대로 유지하려는 특성이 있습니다. 정지해 있는 물체는 영원히 정지해 있고, 운동하는 물체는 영원히 같은 속도로 운동하려고 합니다. 이것을 '관성의 법칙'이라고 합니다.

관성의 법칙은 갈릴레이가 발견했고, 뉴턴이 자신의 첫 번째 운동 법칙으로 올려놓았습니다. 관성의 법칙이 성립하는 기준계를 '관성 기준계'라고 합니다. '관성 운동'이란 정지해 있거나 등속도로 움직이는 운동을 의미합니다. 관성 기준계라면 그 속에 있는 물체는 관성 운동, 즉 정지해 있거나 등속도 운동을 하게 됩니다.

앞에서 예로 든 두 기차는 관성 기준계일까요? 수평 운동만 생각한다면 두 기차는 관성 기준계라고 할 수 있습니다. 하지만 정지해 있는 기차에서 물체를 가만히 놓으면 아래로 떨어집니다. 그것도 점점 빨리 떨어집니다. 즉, 등속도 운동이 아니라 가속 운동을 하게 됩니다. 따라서 두 기차는 모두 관성 기준계가 아닙니다.

물체에는 지구의 중력이 작용해서 아래로 떨어집니다. 만약 지구의 중력이 없다면, 그냥 공중에 떠 있을 것입니다. 지구에서는 이런 상황을 만들기 어렵지만, 지구를 벗어나 우주 공간으로 가면 이런 일이 벌어집니다.

중력이 없는 공간에 있는 기차라면 관성 기준계가 될까요? 기차가 정지해 있거나 등속도로 운동하는 경우에는 그렇습니다. 하지만 기차가 가속도 운동을 할 때는 어떨까요? 점점 빨리 달리는 기차를 생각해 봅시다. 이 기차에서 물체를 놓으면 물체는 그 자리에 가만히 있을까요? 물체는 가만히 있으려는 관성이 있지만 기차가 앞으로 가속하고 있기 때문에 물체는 기차 뒤쪽으로 떨어질 것입니다. 따라서 이런 상황에서 기차는 관성 기준계가 될 수 없습니다. 관성 기준계가 되기 위해서는 중력이 없어야 하고, 정지해 있거나 등속도로 운동을 해야 합니다.

그렇다면 등속도가 아니라 가속되는 계도 기준계가 될 수 있을까요? 당연히 이런 계도 기준계가 될 수 있지만, 관성 기준계는 아닙니다. 관성 기준계가 아닌 기준계를 '비관성 기준계' 또는 '가속 기준계'라고 합니다. 여기에서 가속 기준계라는 말보다 비관성 기준계라고 하는 것이 더 적합합니다. 가속되지 않는 기준계라도 중력이 작용한다면 관성 기준계가 될 수 없으므로 비관성 기준계라고 부르는 것이 더 합리적입니다.

앞에서 예로 든 기차처럼 아인슈타인이 상대론을 설명하기 위해서 즐겨 사용했던 예가 또 있습니다. 바로 중력장 속에서 자유 낙하하는 엘리베이터에 관한 생각입니다. 이 엘리베이터를 '아인슈타인의 엘리베이터'라고 부르기도 합니다.

아인슈타인의 엘리베이터 안에 있는 사람은 마치 무중력 상태에

아인슈타인의 엘리베이터
자유 낙하하는 엘리베이터(왼쪽)와 슈퍼맨이 비스듬히 위로 던진 엘리베이터(오른쪽)는
다 같이 자유 부양계가 된다.

있는 것처럼 보입니다. 생각해 보세요. 자유 낙하하는 엘리베이터 안에서는 물체도 엘리베이터와 같이 자유 낙하하기 때문에 엘리베이터 안에서는 공중에 둥둥 떠 있는 것으로 보이게 됩니다. 슈퍼맨이 엘리베이터를 공중으로 던졌을 때도, 슈퍼맨의 손에서 떨어진 후에는 엘리베이터 안이 무중력 상태가 됩니다. 이렇듯 중력장 속에서 자유롭게 내버려둔 엘리베이터 안은 관성 기준계가 될 수 있습니다. 이런 상태를 '자유 부양계'라고 부르기도 합니다. 중력이 있어도 중력에 자유 부양하는 계는 관성 기준계가 될 수 있습니다.

정리하면, 중력이 없는 공간에서 정지해 있거나 등속도 운동을 하는 계는 관성 기준계입니다. 중력이 있다고 해도 그 계가 중력에 저항하지 않고 완전히 중력에 맡겨진 자유 부양계라면, 그것도 관성 기준계라고 할 수 있습니다.

상대성 원리

상대성 원리와 상대론은 다릅니다. 상대성 원리는 갈릴레이가 발견한 것이고, 상대론은 상대성 원리를 바탕으로 아인슈타인이 만든 이론입니다.

갈릴레이는 기차 대신에 깊은 바닷속에 있는 잠수함을 생각했습니다. 당시 갈릴레이가 우주선을 생각하기는 어려웠겠지요? 갈릴레이는 잠수함 안에 있는 사람이 그 잠수함이 가만히 있는지 등속도로 운동하고 있는지 알아낼 방법이 없다고 주장했습니다. 잠수함이 등속도로 운동하고 있는데 잠수함 바깥은 암흑이고 아무것도 보이지 않는다면, 그 잠수함이 움직이고 있는지 정지해 있는지 알 방법이 있을까요? 갈릴레이는 절대로 알 수 없다고 생각했습니다.

잠수함 안에서 멀리뛰기를 한다고 생각해 봅시다. 잠수함이 움직이는 방향으로 뛰는 것과 반대 방향으로 뛰는 것은 어떤 차이가 있을까요? 잠수함 안에서 구슬을 떨어뜨린다고 생각해 보세요. 잠수함의 움직임이 떨어지는 물체에 어떤 영향을 미칠까요? 잠수함 안에 어항이 있다고 합시다. 어항 안에 있는 물고기의 운동이 잠수함의 운동에 영향을 받을까요?

잠수함이 등속도로만 운동한다면, 잠수함이 움직이는지 움직이지 않는지 전혀 알 수 없다는 갈릴레이의 주장은 잠수함 안에서 어떤 실험을 해 보아도 알 방법이 없다는 것을 의미합니다. 왜 그럴

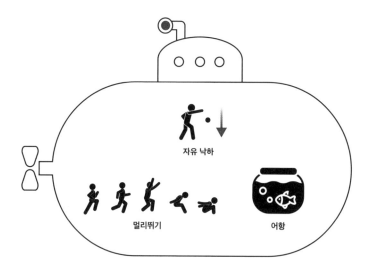

잠수함 안에서 하는 물리 실험
잠수함이 정지해 있을 때나 등속도로 운동하고 있을 때,
그 안에서 물리 실험을 한다면 동일한 결과를 얻게 된다.

까요? 정지해 있는 잠수함에서나 등속도로 운동하는 잠수함에서
나 같은 물리 법칙이 성립하기 때문입니다.

어떤 천재 아이가 잠수함에서 태어나고 그곳에서 자라나서 물
리학자가 되었다고 합시다. 그 물리학자가 잠수함 안에서 온갖 실
험을 해 본다면, 이 잠수함이 움직이는지 움직이지 않는지 알아낼
수 있을까요? 그가 아무리 천재라고 하더라도 불가능합니다. 움직
이거나 정지해 있거나 같은 물리 법칙이 성립하기 때문입니다.

모든 기준계에서 같은 물리 법칙이 성립하는 것을 '상대성 원리'라고 부릅니다. 그런데 만약 잠수함이 가속 운동이나 감속 운동을 한다면 어떻게 될까요? 자동차가 갑자기 출발하거나 멈출 때는 우리 몸이 앞으로나 뒤로 힘을 받는 것을 쉽게 느낄 수 있습니다. 자동차가 가속되는지 감속되는지 눈을 감고도 알 수 있지요. 그래서 상대성 원리는 관성 기준계에서만 성립합니다. 아마도 갈릴레이는 그렇게 생각했을 것입니다.

그런데 왜 관성 기준계에서만 같은 물리 법칙이 성립해야 할까요? 아인슈타인은 가속되는 기준계에서도 같은 물리 법칙이 성립해야 한다고 생각했습니다. 그는 상대성 원리는 관성 기준계와 비관성 기준계에서 모두 성립해야 한다는 생각에서 출발해 두 가지 상대론을 만들어 냈습니다. 관성 기준계에서 성립하는 상대성 원리로부터 만들어 낸 것이 '특수 상대론'이고, 비관성 기준계에서 성립하는 상대성 원리로부터 만들어 낸 것이 '일반 상대론'입니다.

상대성 원리에서 말하는 '모든 기준계에서 같은 물리 법칙'의 참 의미는 무엇일까요?

두 기준계에 있는 두 관찰자를 생각해 봅시다. 앞에서 예로 든 두 기차에 탄 사람을 생각하면 됩니다. a가 보면 자신이 탄 기차 (A)는 정지해 있고 다른 기차(B)가 운동하는 것으로 보이지만, 반대로 b가 보면 자신이 탄 기차(B)는 정지해 있고 다른 기차(A)가 움직이는 것으로 보입니다. 이것은 상대성 원리에 맞는 말일까요?

당연히 맞습니다. '당신 기차가 운동한다.'라는 물리 법칙이 두 관찰자에게 그대로 성립하기 때문입니다. 만약 a가 보아도 기차 A가 움직이고 b가 보아도 기차 A가 움직인다면 상대성 원리를 위반하는 것입니다. 왜냐하면 a에게는 '내 기차가 운동한다.'라는 물리 법칙이 성립하는 반면에 b에게는 '당신 기차가 운동한다.'라는 물리 법칙이 성립하기 때문입니다. 하나는 '내' 기차이고, 다른 하나는 '당신' 기차가 됩니다. 따라서 이 두 물리 법칙은 다릅니다.

다른 예를 들어 보겠습니다. '운동하는 물체의 길이는 짧아진다.'라는 물리 법칙을 생각해 봅시다. a가 보았을 때 B의 길이가 짧아지고 b가 보았을 때 A의 길이가 짧아진다면 상대성 원리가 성립합니다. 하지만 a가 보아도 A의 길이가 짧아지고 b가 보아도 A의 길이가 짧아진다면 상대성 원리를 위반하는 것입니다. 이렇게 되면 a에게는 '정지해 있는 기차(A)의 길이가 짧아진다.'라는 물리 법칙이 성립하지만, b에게는 '운동하는 기차(A)의 길이가 짧아진다.'라는 물리 법칙이 성립합니다. 상대론에서는 실제로 상대방의 길이가 짧아집니다. 서로 상대가 더 짧다고 하는 것이 모순처럼 보이지만, 그렇게 되어야 같은 물리 법칙이 성립하는 것입니다. 자연은 모든 관찰자에 대해서 공평합니다.

우리가 생각하기에는 물리량이 모든 사람에게 같은 값이 되어야 옳을 것 같지만, 실제로는 물리량이 같아야 하는 것이 아니라 물리 법칙이 같아야 합니다. 앞의 설명에서 '움직이는 물체의 길이는 짧아진다.'는 물리 법칙이고, '길이'는 물리량입니다. 물리 법칙이 같아지기 위해서는 물리량이 어쩔 수 없이 관측자에 따라 달라져야 합니다.

이제 상대성 원리를 정리해 봅시다. 상대성 원리는 다음과 같이 여러 가지 다른 방식으로 표현할 수 있습니다.

· 모든 기준계에서 같은 물리 법칙이 성립한다.
· 모든 기준계는 구별할 수 없다.
· 절대 기준계는 없다.

모든 기준계는 같은 물리 법칙이 성립하기 때문에 구별할 방법이 없습니다. 어느 것이 정말로 정지해 있는 기준계인지 알 수 없다는 말은 절대적인 기준계가 존재하지 않는다는 뜻입니다. 일관성 있는 세상이라면 당연히 상대성 원리가 성립해야 합니다. 따라서 상대성 원리는 모든 물리 법칙보다 더 위에 있는 법칙이 되어야 합니다. 이러한 이유로 상대론이 틀릴 수는 있어도 상대성 원리가 틀리기는 어렵습니다.

특수 상대론

특수 상대론은 다음 두 가지 원리를 바탕으로 만들어졌습니다.

· **광속 불변의 법칙**: 빛의 속도는 일정하다.

· **상대성 원리**: 물리 법칙은 모든 관성 기준계에서 불변이다.

이 두 원리는 수학에서 공리와 성격이 비슷합니다. 수학에서 공리는 증명할 수 있는 것이 아니라, 다른 것을 증명하기 위해서 사용하는 자명한 것이어야 합니다. 여러분은 이 두 원리가 자명한 것으로 받아들여집니까? 다음 내용을 살펴보면 좀 더 자명한 것으로 받아들여질지도 모릅니다.

광속 불변의 법칙

모든 물체의 속력은 상대적입니다. 관찰자가 기차와 같이 달리면서 보면 기차가 느리게 가는 것으로 보이고, 기차와 반대로 달리면서 보면 기차가 엄청 빠르게 가는 것으로 보입니다. 기차와 같은 속도로 같이 달리면 기차가 정지해 있는 것으로 보입니다. 그런데 빛은 그렇지 않습니다. 동쪽으로 진행하는 빛을 동쪽으로 달리면서 속도를 측정한 값이나, 서쪽으로 달리면서 측정한 값이나, 가만히 서서 측정한 값이나 다 같습니다. 그런 속도를 내는 것은 불가능하지만, 극단적으로 빛과 같은 속력으로 달리면서 빛의 속도를 측정해도 역시 초속 30만 킬로미터입니다.

왜 빛의 속도는 관찰자와 관계없이 같을까요? 혹시 이것이 상대성 원리를 위반하는 것은 아닐까요? 이렇게 생각해 봅시다. 관찰자 a에게 빛의 속도에 대해서 성립하는 물리 법칙은 무엇일까요?

'빛의 속도는 3×10^8 m/s이다.'라는 물리 법칙이 성립합니다. 마찬가지로 관찰자 b에게도 '빛의 속도는 3×10^8 m/s이다.'라는 물리 법칙이 성립합니다. 따라서 빛의 속도가 절대적이라는 사실이 상대성 원리를 위반하지는 않습니다.

하지만 상식적으로는 빛의 속도가 모든 관찰자에게 같다는 것을 받아들이기 어렵습니다. 상대성 원리를 위반하지 않아야 하지만, 상대성 원리를 위반하지 않는다고 그것이 다 옳다는 말은 아니기 때문입니다.

빛의 속도는 절대적인데 소리의 속도는 왜 절대적이 아닐까요? 소리는 듣는 사람이 어느 방향으로 운동하느냐에 따라 다르게 관측됩니다. 소리의 속도는 바람만 불어도 달라집니다. 왜 그럴까요? 소리는 공기라는 매질을 통해서 전달됩니다. 매질이 이동하면 매질의 진동인 소리의 속도도 달라집니다.

빛도 파동인데 왜 매질이 없을까요? 옛날 사람들은 빛의 매질이 눈에는 보이지 않지만 존재한다고 생각했고, 이 매질을 '에테르'라고 불렀습니다. 하지만 에테르는 눈에 보이지 않고 관측되지도 않습니다. 그래도 사람들은 빛이 파동이므로 빛을 전달하는 매질이 있어야 한다고 생각했습니다. 빛은 진공 속에서도 진행하므로 에테르는 진공 속에서조차 있어야 한다고 생각했습니다. 아인슈타인 이전에 모든 과학자는 에테르의 존재를 전혀 의심하지 않았습니다.

하지만 아인슈타인은 달랐습니다. 과감하게 "에테르는 없다!" 라고 주장한 것입니다. 볼 수도, 만질 수도, 측정할 수도 없는 것을 믿는 것은 귀신을 믿는 것처럼 어처구니없는 일인데, 일반인도 아닌 과학자들이 믿었다니 이상하지 않습니까? 과학자들은 빛이 파동이고, 파동이라면 당연히 매질이 있어야 한다는 생각에서 벗어나지 못했던 것입니다.

아인슈타인은 과감히 에테르를 쓰레기통에 던져 버렸습니다. 그러고 나니 빛은 매질이 필요 없게 되었고, 매질이 필요한 소리와는 전혀 다른 파동이 되었습니다. 빛의 속도는 자유로워진 것입니다.

빛의 속도가 절대적이라는 것은 맥스웰의 전자기 이론으로도 알 수 있습니다. 전자기 이론에 등장하는 빛의 속도는 상수입니다. 빛의 속도가 관찰자에 따라 달라진다는 것은 전자기 이론, 다시 말하면 물리 법칙이 달라진다는 것을 의미합니다. 이것은 상대성 원리와 정면으로 충돌합니다. 알고 보니 맥스웰의 전자기 이론 속에는 이미 특수 상대론이 들어 있었던 것입니다. 이 사실은 맥스웰을 포함한 어느 누구도 눈치채지 못했지만, 아인슈타인은 이 점을 주시했습니다.

광속 불변의 법칙이 조금은 이해가 되었습니까? 그래도 왜 빛의 속도가 절대적인지 개운하게 이해되지 않았을지도 모릅니다. 그것이 여러분의 잘못은 아닙니다. 잘못이 있다면 불완전한 인간의 뇌

때문입니다. 하지만 과학자는 자연 현상 자체를 믿어야 합니다. 자신의 두뇌로는 믿어지지 않아도 자연 현상은 믿어야 합니다. 인간의 두뇌는 그렇게 똑똑한 물건이 아니라는 사실을 알아야 합니다.

시계 맞추기

멀리 떨어진 두 곳, 예컨대 서울과 부산에서 어떤 사건이 일어났다고 해 봅시다. 어떻게 하면 두 사건이 동시에 일어났는지 알 수 있을까요?

방법은 간단합니다. 두 사건이 일어난 시간을 알아보면 되지요. 그런데 그 시간은 어떻게 알 수 있을까요? 서울에 있는 시계로 서울 사건이 일어난 시간을 측정하고, 부산에 있는 시계로 부산 사건이 일어난 시간을 측정해서 비교해 보면 됩니다. 이 경우에는 두 시계의 시간이 맞아 있어야 합니다.

그렇다면 두 시계의 시간을 어떻게 맞추면 될까요? 부산 시계를 서울로 가져와서 시간을 맞춘 후 부산으로 가져가거나, 서울 시계를 부산으로 가져가서 시간을 맞추면 됩니다.

그런데 시간을 맞춘 후, 서울 시계는 서울에 가만히 있지만 부산 시계는 서울에서 부산까지 가야 합니다. 부산으로 가는 도중에도 두 시계가 같은 빠르기로 갈까요? 그렇습니다.

여기까지는 너무 당연한 이야기입니다. 아무런 문제도 없는 것 같습니다. 시계가 가만히 있을 때와 움직이고 있을 때 가는 빠르기가 같으리라는 것은 상식적으로는 그럴듯합니다. 하지만 왜 같아야 할까요? 아인슈타인은 분명한 이유를 찾지 못했습니다.

시계가 정지해 있을 때와 운동할 때 가는 빠르기가 같다는 보장이 없다면, 시계를 가져가지 않고 다른 방법으로 멀리 떨어져 있는 두 시계의 시간을 맞추는 방법은 없을까요?

아인슈타인은 특허국에서 근무할 때 시계에 관한 특허를 자주 다루면서 시간을 맞추는 문제에 대해 많이 고민했습니다. 지금부터 아인슈타인이 고안한 시간 맞추기 방법을 설명해 보겠습니다.

아인슈타인은 시간을 맞추는 방법으로 빛을 사용했습니다. 우리도 일상에서 이 방법으로 시간을 맞추고 있습니다. 우리는 방송국에서 송출하는 신호를 이용해서 시계의 시간을 맞춥니다. 서울에 있는 시계나 부산에 있는 시계나 방송국에서 12시를 알리는 신호(이것은 전파이지만, 전파나 빛이나 다 전자기파이고 속도도 같습니다)에 따라 시간을 맞춘다면, 부산에 있는 시계를 어렵게 서울까지 가져올 필요도 없고 서울에서 부산까지 이동하는 도중에 시간이 빨리 가느니 늦게 가느니 고민할 필요도 없어집니다.

그런데 방송국에서 보내는 신호에 따라 시계를 맞추는 것은 정말 아무 문제도 없을까요? 그 방송국이 서울에 있다고 합시다. 그러면 서울에 있는 시계는 그 신호를 금방 받겠지만, 부산에 있는 시계는 조금 늦게 받을 것입니다. 그 시간 차이는 너무 작아서 큰 문제는 없지만, 아주 정밀한 실험을 할 때는 문제가 될 수도 있습니다.

그러면 어떻게 두 시계의 시간을 완전하게 맞출 수 있을까요?

아인슈타인은 방송국을 서울과 부산의 중간 지점에 두면 된다고 생각했습니다. 서울과 부산의 중간에 방송국이 있으므로 서울 시계나 부산 시계나 그 신호를 받기까지 같은 시간이 걸릴 것입니다. 물론 거리가 같다고 해도 방송국에서 나온 신호가 서울로 갈 때의 속도와 부산으로 갈 때의 속도가 같다는 보장이 있어야 합니다. 정말 그런 보장이 있을까요? 논리적으로만 따지면 그런 보장은 없습니다. 하지만 앞에서 설명했듯이 빛의 속도가 불변이어야 하는 여러 실험과 정황 증거가 있습니다. 빛의 속도가 모든 방향으로 같다면, 이런 방법으로 시계를 맞추는 것은 타당하다고 해도 좋습니다. 상대론은 이렇게 맞추어진 완전히 시간이 맞는 시계로 측정한 시간을 사용해서 만들어진 이론입니다.

동시성의 상대성

기차가 레일 위에서 달리고 있다고 생각해 봅시다. 기차 앞뒤에는 전극이 있고, 레일에도 두 전극이 있습니다. 기차 앞뒤에 있는 두 전극 사이의 거리(기차의 길이)와 레일에 있는 두 전극 사이의 길이가 같다고 합시다.

달리던 기차의 앞에 있는 전극이 레일의 전극과 접촉하면 섬광이 일어납니다. 뒤에 있는 전극도 마찬가지입니다. 레일에 있는 두 전극 사이의 길이와 기차의 길이가 같으므로 앞과 뒤의 섬광은 동시에 일어날 것입니다.

기차 앞에서 일어나는 섬광을 '사건 ①', 뒤에서 일어나는 섬광을

'사건 ②'라고 합시다. 두 관찰자 중 땅에 있는 사람을 a, 기차에 있는 사람을 b라고 합시다. a는 레일에 있는 두 전극의 중앙에 서 있고, b는 기차의 중앙에 서 있습니다.

앞에서 언급한 것처럼 레일에 있는 두 전극 사이의 길이와 기차의 길이가 같으므로 앞과 뒤의 섬광은 동시에 일어날 것입니다. a가 봤을 때 두 섬광은 동시에 '번쩍'했습니다. a는 두 전극의 중앙에 서 있고 두 섬광이 동시에 발생했으니 당연히 두 섬광은 같은 시각에 a에게 도착할 것입니다. 그래서 a는 두 사건이 동시에 일어

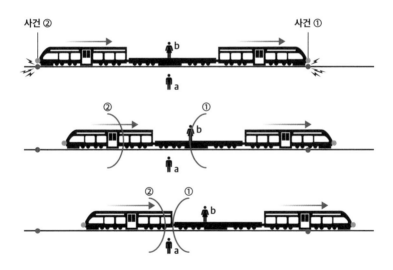

동시성의 상대성 사고 실험
a가 보았을 때, 사건 ①과 사건 ②는 동시에 일어난 사건이다(첫 번째 그림).
그래서 a는 두 섬광을 동시에 보게 된다(세 번째 그림).
하지만 b는 기차가 오른쪽으로 달리고 있기 때문에
오른쪽에서 오는 빛을 먼저 보게 된다(두 번째 그림).

났다고 주장합니다.

하지만 b는 앞에서 오는 섬광을 먼저 보게 됩니다. b는 기차와 같이 앞으로 달려가고 있으니 앞에서 오는 섬광은 마주 달려가서 받고, 뒤에서 오는 섬광은 같은 방향으로 달아나면서 받기 때문입니다.

정리하면, 원래 사건 ①과 사건 ②는 동시적인 사건이었습니다. 그런데 a는 두 사건을 동시에 보지만, b는 사건 ①을 먼저 보고 사건 ②를 조금 늦게 보게 됩니다. 이것은 모든 사람이 동의할 수밖에 없는 사실입니다.

문제는 두 사람이 이 '사실'을 서로 다르게 '해석'한다는 데 있습니다. a는 두 섬광을 동시에 보았으니 동시에 일어난 사건이라고 주장하는 반면, b는 앞에서 오는 섬광을 먼저 보았으니 앞의 섬광이 먼저 발생했다고 주장하는 것입니다.

혹시 b의 주장을 듣고 씩 웃었나요? 실제로는 동시적인 사건이었지만, b는 자신이 타고 있는 기차가 달리고 있다는 사실을 모르고 있었기 때문에 착각한 것이라고 생각했나요? 만약 이렇게 생각했다면 아주 정상적이고 논리적인 사람입니다. 그런데 문제는 b가 착각하고 있다는 것을 어떻게 설득하느냐 하는 것입니다.

여기서부터가 아인슈타인의 상대론을 이해하는 가장 중요한 시점입니다. 편견을 버리고 순수하게 본다면 하나도 어렵지 않습니다. 지금부터 순수한 마음으로 생각해 봅시다.

b는 a가 정지해 있고, 자신이 기차에 타고 있다는 사실을 인정한다면 a의 주장을 받아들여야 합니다. 하지만 b에게는 기차가 가는 것이 아니라 땅과 땅에 있는 사람, 그리고 나무와 빌딩 등이 뒤로 가는 것처럼 보이지 않을까요? 양심적이고 거짓말을 하지 않는 b가 그것을 자신의 착각이 아니라 실제로 그렇다고 믿고 있다고 합시다. 이럴 경우, b를 설득할 방법이 있을까요?

고민 끝에 역시나 양심적이고 거짓말을 하지 않는 a가 묘안을 제시했습니다. "그래, 자네가 주장하는 것이 이해는 되네. 하지만 자네의 생각이 틀렸다는 것을 증명해 보이겠네." a는 이렇게 말하면서 b에게 제안했습니다. "기차를 타고 빛의 속도를 측정해 보게. 앞에서 오는 빛과 뒤에서 오는 빛의 속도를 측정하면, 자네가 앞으로 달리고 있으니 앞에서 오는 빛의 속도가 뒤에서 오는 빛의 속도보다 빠르다는 것을 확인할 수 있을 것이네. 그렇게 되면 자네가 앞으로 움직이는 것이 증명되는 것이네. 알겠는가?"

b는 a의 말을 듣고 순수한 마음으로 생각해 보았습니다. 자신이 실제로 움직이고 있다면, a의 주장은 틀림없이 맞는 말입니다. b는 a의 말에 동의하고 빛의 속도를 측정해 보았습니다. 그랬더니 놀랍게도 두 빛의 속도가 같았습니다. b는 "실제로 사건 ①이 사건 ②보다 먼저 일어났지만, 자네가 뒤로 달리고 있어서 뒤에서 오는 신호는 마중 나가서 맞이하고, 앞에서 오는 신호는 달아나면서 맞이해서 동시에 보인 것일세."라고 주장했습니다.

a는 깜짝 놀랐습니다. 양심적인 a는 b도 양심적인 사람이라는

것을 잘 알기 때문에 '그렇다면 정말 나와 땅이 움직이는 것일까?' 라며 자신의 주장이 잘못되었을 수도 있다고 생각했습니다. 그래 서 a도 양쪽에서 오는 빛의 속도를 측정해 보았습니다. 그런데 놀 랍게도 두 빛의 속도는 같았습니다. 두 사람이 아주 양심적이라는 것을 잊지 마세요.

두 사건이 동시적인 사건이라는 a의 주장은 당연히 옳습니다. 마찬가지로 두 사건이 동시적인 사건이 아니라는 b의 주장에서도 잘못된 점을 찾을 수 없습니다. 그렇다면 두 주장이 다 옳은 것일 까요? 놀랍게도 아인슈타인은 '두 사람의 주장이 다 옳다.'라고 주 장합니다.

지금 이 상황이 이해가 됩니까? 이해가 된다면 당신은 바보거 나, 아니면 거짓말을 하고 있거나, 그것도 아니면 아인슈타인을 능 가하는 천재입니다. 이 상황은 인간의 논리로는 이해할 수 없습니 다. 빛을 마주 보고 달리면서 측정한 빛의 속도나 같은 방향으로 달아나면서 측정한 빛의 속도가 같다는 것을 어떻게 이해할 수 있 을까요?

이해가 안 되는 것은 당연합니다. 하지만 이것은 사실입니다. 과 학자는 사실을 인정하고, 그 사실을 설명하는 이론을 찾아가는 사 람입니다. 20세기 초에 과학자들은 이 딜레마에 빠져 있었고, 아인 슈타인이 이것을 해결하는 구세주로 나타났습니다.

절대 시간과 절대 공간을 받아들였던 뉴턴은 동시적인 두 사건은 어떤 관찰자가 보아도 동시적인 사건이어야 한다고 생각했고, 지구에 있는 모든 사람이 그 생각을 믿었습니다. 하지만 아인슈타인은 달랐습니다. '사실'과 '믿음' 중에서 하나를 버려야 한다면 무엇을 버려야 할까요? 당연히 믿음을 버려야 합니다. 하지만 대부분 사람은 자신의 믿음을 쉽게 버리지 못합니다. 과학자들도 자신의 믿음을 버리지 못하고 있을 때, 아인슈타인은 과감하게 그 믿음을 버렸습니다. 여기에 아인슈타인의 위대함이 있습니다.

아인슈타인은 a와 b의 주장이 다 옳다면, '동시성'이라는 것이 절대적일 수 없다고 생각했습니다. 한 관찰자에게 동시적인 사건일지라도 다른 관찰자에게는 동시적이 아닐 수 있습니다. 이것을 '동시성의 상대성'이라고 합니다. 이 주장 자체는 별로 대단한 것 같지 않지만, 이 발상으로부터 시간이 느려지고 길이가 짧아지는 현상을 설명하는 상대론이 나왔습니다.

시공간 간격 불변의 법칙

시간과 공간을 통합해서 '시공간'이라고 부릅니다. 시간에도 시간 간격이 있고 공간에도 공간 간격이 있듯이 시공간에도 시공간 간격이 있습니다. 뉴턴 역학에서는 시간과 공간이 불변량이었지만, 상대론에서는 시간과 공간이 아니라 시공간 간격이 불변량입니다. 여기에서 '불변량은 기준계가 달라져도 변하지 않는 물리량을 말합니다.

시공간 간격은 다음과 같이 정의합니다.

$$(c\tau)^2 = (ct)^2 - x^2$$

여기에서 τ가 시공간 간격이고, t는 시간 간격, x는 공간 간격입니다. 이 식을 사용하면 특수 상대론에서 말하는 시간과 공간의 변환을 다 할 수 있습니다. $F = ma$가 고전 역학의 전부이듯이 이 식은 특수 상대론의 전부입니다.

τ는 다른 말로 손목시계 시간이라고도 합니다. 이것은 어떤 관찰자든지 자신이 찬 손목시계가 가리키는 시간을 말합니다. 지구에 가만히 있는 사람이든, 우주선을 타고 날아가는 사람이든, 자신의 시계가 가리키는 시간이 τ입니다. 이 τ가 바로 불변량입니다.

특수 상대론은 시공간 간격이 불변량이라는 것을 주장하는 이론입니다. 이것을 증명하는 것이 어려운 것도 아닙니다. 증명 방법을 모른다고 해도, 시공간 간격 불변식을 사용해서 어떻게 시간과 공간이 관찰자에 따라 다르게 관찰되는지 다 계산할 수 있습니다. 바로 이어서 증명 방법을 자세히 설명하겠지만, 그 과정을 몰라도 상대론을 자연 현상에 적용하고 이용하는 데에는 아무런 문제가 없습니다.

여기 달리고 있는 우주선이 있다고 합시다. 빛이 이 우주선의 바닥에서 출발해 천장으로 간다고 생각해 봅시다. 우주선 안에서 이 빛을 보면 아래에서 위로 이동합니다. 그런데 우주선 밖에서 정지해 있는 사람이 볼 때도 이 빛이 수직 위로 이동하는 것으로 보일까요?

우주선 밖에서 보면 빛은 수직 위로 올라가는 것이 아니라 비스듬하게 위로 올라가는 것으로 보일 것입니다. 빛이 출발하는 사건(①)과 빛이 천장에 도착하는 사건(②)을 생각해 봅시다. 이 두 사건을 우주선 안에 있는 사람과 밖에 있는 사람이 관찰하고 있다고 합시다. 두 사람에게 빛이 이동하는 데 걸리는 시간과 이동한 거리는 어떻게 보일까요?

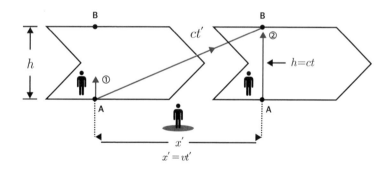

시공간 간격의 불변

달리고 있는 우주선 안에서 A에서 출발해 B로 가는 빛을
우주선에 타고 있는 관찰자가 보면 거리 h만큼 수직으로 이동했지만,
같은 빛을 우주선 밖에 있는 관찰자가 보면
비스듬한 경로로 더 멀리 이동한 것으로 보인다.

우주선의 속력을 v, 우주선의 높이를 h라고 합시다. 우주선 안에서 본 두 사건 사이의 시간 간격을 t라 하고, 우주선 밖에서 정지한 관찰자가 본 두 사건 사이의 시간 간격을 t'이라고 합시다. 이 두 시간 사이에는 어떤 관계가 있을까요? 우주선 천장의 높이는 두 관찰자 모두에게 h로 보입니다(이것은 논의가 필요한데, 여기에서는 생략합니다).

우주선 안에서 보면 빛이 이동한 거리는 h이고, 우주선 밖에서 보면 빛은 이보다 더 먼 거리를 이동했습니다. 빛의 속도는 어느 관찰자가 보거나 같아야 하므로 우주선 밖에 있는 사람이 측정한 두 사건 사이의 시간(빛이 가는 데 걸린 시간)이 더 길 것입니다. 우주선 바깥보다 우주선에 타고 있는 사람의 시간이 더 느리게 가는 것입니다.

이 상황을 수학적으로 정리해 봅시다.

우주선 안에 있는 사람에게는 우주선이 정지해 있지만, 우주선 밖에 있는 사람이 보면 우주선은 달리고 있습니다. 즉, 우주선 안에서 보면 두 사건 사이에 우주선이 이동한 거리가 0($x = 0$)이지만, 우주선 밖에서 보면 우주선이 이동한 거리가 $x' = vt'$입니다. 우주선의 높이 h는 두 관찰자 모두에게 같으므로 피타고라스의 정리를 사용해서 다음과 같은 관계가 성립함을 알 수 있습니다.

$$h = ct$$
$$h = \sqrt{(ct')^2 - x'^2}$$

이것을 정리하면 다음과 같습니다.

$$(ct)^2 = (ct')^2 - x'^2$$

우주선 안에서는 우주선이 이동한 거리 x가 0이었으므로 이 식은 다음과 같이 쓸 수도 있습니다.

$$(ct)^2 - x^2 = (ct')^2 - x'^2$$

여기에서 보면 시간 ct와 거리 x 사이에는 아주 특별한 관계가 있다는 것을 알 수 있습니다. ct는 시간에 광속을 곱한 값이지만, 광속은 변하지 않는 상수이므로 이것을 그냥 시간이라고 보면 됩니다. 그러면 (시간)^2 - (공간)^{2}이라는 양은 매우 특별한 물리량이 됩니다. 왜냐하면 두 사건 사이에서 이 값은 기준계가 달라져도 달라지지 않고 같은 값이 된다는 것을 의미하기 때문입니다. 그래서 고유 시간이라는 개념을 도입하고, 그것을 τ라고 표시합니다. 그러면 다음과 같은 관계가 성립합니다.

$$(c\tau)^2 = (ct)^2 - x^2$$

여기에서 $(c\tau)^2 = (ct)^2 - x^2$ 를 '시공간 간격'이라고 합니다.

시간 간격 t나 공간 간격 x는 기준계가 달라지면 그 값이 달라지지만, 시공간 간격은 모든 기준계에서 같은 값을 가집니다. 이것을 '시공간 간격 불변의 법칙'이라고 부릅니다.

시간과 공간

과학을 잘 모르는 사람도 TV를 켜거나 끌 수 있고, 이 방송 저 방송 선택하면서 시청할 수 있습니다. 이처럼 시공간 간격 불변 법칙을 이해하지 못하더라도 이것을 이용할 수는 있습니다. 지금부터 시공간 간격 불변식을 사용해서 시간과 공간이 관찰자에 따라 어떻게 달라지는지 알아봅시다.

철수가 우주선을 타고 지구에서 어떤 별까지 여행을 떠났습니다. 우주선의 속도는 v이고, 별까지의 거리는 x입니다. 그러면 철수가 별까지 가는 데 걸리는 시간은 $t=x/v$일 것입니다. 여기에서 두 사건은 지구를 출발하는 사건과 별에 도착하는 사건입니다. 이 두 사건 사이의 시간 간격은 t이고, 공간 간격은 x입니다. 이것은 지구에 있는 사람이 본 결과입니다. 그렇다면 우주선에 타고 있는 철수가 본 결과도 이와 같을까요? 먼저 철수가 자기 기준계에서 보면, 자신은 이동한 것이 아니라 그 자리에 가만히 있었습니다. 따라서 우주선 좌표에서 이동한 거리는 영(0)입니다. 이 상황을 시공간 간격 불변식에 대입해 봅시다.

지구 기준계에서 본 결과

$$(c\tau)^2 = (ct)^2 - x^2$$

우주선 기준계에서 본 결과

$$(c\tau)^2 = (ct')^2 - 0^2$$

이 두 관계식은 같아야 하므로 두 식을 정리하면

$$t' = \sqrt{1 - v^2/c^2}\, t$$

라는 관계식이 나옵니다. 변환 인자 $\sqrt{1-v^2/c^2}$ 가 1보다 작으므로, 지구의 시간이 10년이라면 철수의 시간은 이보다 훨씬 작다는 것을 알 수 있습니다. 다시 말하면 철수의 시간은 지구에 있는 사람의 시간보다 더 느리게 간다는 것을 의미합니다.

그렇다면 철수가 본 지구와 별 사이의 거리는 어떻게 될까요? 지구에서 보면 우주선이 v라는 속도로 움직이는 것으로 보이고, 우주선에서 보면 지구가 그와 같은 속도로 반대 방향으로 움직이는 것으로 보일 것입니다. 별도 같은 속도로 다가오는 것으로 보일 것입니다. 그런데 철수 자신의 시계가 측정한 시간은 $t' = \sqrt{1-v^2/c^2}\, t$ 입니다.

그렇다면 지구에서 별까지의 거리는 얼마일까요? 속도에 시간을 곱한 값은 거리가 됩니다. 따라서 우주선 좌표계에서 본 지구와 별까지의 거리는 다음과 같습니다.

$$x' = \sqrt{1 - v^2/c^2}\, x,$$
$$\left(x' = vt' = \sqrt{1 - v^2/c^2}\, vt = \sqrt{1 - v^2/c^2}\, x\right)$$

이것은 무슨 의미일까요? 지구에서 별까지의 거리를 우주선 관측자가 보면 실제 거리보다 짧아 보인다는 뜻입니다. 이것이 길이가 수축한다는 의미입니다. 시간 팽창과 길이 수축 현상을 이렇게 간단하게 증명할 수 있습니다.

상대론은 대단히 복잡하고 어려울 것 같지만, 실제로는 이처럼 매우 간단하고 쉽습니다.

쌍둥이 역설

쌍둥이 역설은 빠르게 이동하면 시간이 천천히 간다는 것이 모순이라는 주장입니다. 철수와 영희라는 쌍둥이가 있다고 합시다. 두 사람은 당연히 나이가 같습니다. 나이가 같다는 것은 늙은 정도가 같다는 말입니다. 철수가 우주선을 타고 여행한 후 지구로 돌아왔다고 합시다. 철수는 빠르게 운동했으니 당연히 지구에 있는 영희보다 나이를 적게 먹어 젊을 것입니다. 그런데 무엇이 문제란 말입니까?

상대론은 상대적인 기준계에 대해서 서로 대칭적이어야 합니다. 대칭적이라는 말은 A 기준계에서 본 물리 법칙이나 B 기준계에서 본 물리 법칙이 같아야 한다는 뜻입니다. 이것을 쌍둥이에게 적용한다면 다음과 같은 주장이 가능해야 합니다.

지구 기준계에서 보면 우주선에 탄 사람의 시간이 천천히 가야 합니다. 왜냐하면 지구 기준계에서 보면 영희는 가만히 있고, 철수가 이동했기 때문입니다. 하지만 우주선 기준계에서 보면 철수가 아니라 지구가 철수에게서 멀어진 것입니다. 따라서 지구가 이동한 것입니다. 여기에서 '이동하는 기준계의 시계가 천천히 간다.'라는 물리 법칙이 성립하기 위해서는 지구의 시계가 천천히 가야 합니다. 즉, 철수에게는 영희가 젊어 보여야 하고, 영희에게는 철수가 젊어 보여야 합니다. 이것이 바로 상대성 원리가 주장하는 내용입니다.

철수가 우주여행을 마치고 돌아와서 영희를 만났다고 합시다. 영희는 철수에게 왜 나보다 그렇게 젊으냐고 놀라고, 철수는 영희에게 왜 나보다 그렇게 젊으냐고 하면서 놀랄 것입니다. 이 상황이 말이 될까요? 하지만 이 모순은 쉽게 판정할 수 있습니다. 제삼자가 보고 판명해 주거나 사진을 찍어 비교해 봐도 될 것입니다. 아무리 상대론이 이상한 이론이라고 해도, 서로 상대방이 더 늙었다고 주장하는 이런 어처구니없는 일이 벌어진다면 과학적으로 옳은 이론이 될 수 있을까요?

그래서 사람들은 상대론을 받아들이지 못하기도 합니다. 하지만 이 설명에는 문제가 있습니다. 상대론, 그중에서도 특수 상대론은 서로 다른 두 관성계 사이에서 성립하는 이론입니다. 먼저 쌍둥이 역설에서 나타나는 기준계에 대해 생각해 봅시다.

하나의 기준계는 지구 기준계이고, 다른 기준계는 우주선 기준계입니다. 지구는 정지해 있고 우주선이 등속도 운동을 한다면, 이 두 기준계는 당연히 관성 기준계입니다. 따라서 서로 상대의 시계가 천천히 간다는 말이 맞습니다. 그런데 우주선 기준계를 생각해 봅시다. 우주선은 하나이지만, 지구에서 별로 가는 우주선과 별에서 지구로 돌아오는 우주선은 운동의 방향이 반대입니다. 따라서 우주선 기준계는 하나가 아니라 둘입니다. 그래서 지구 기준계와 여행을 떠나는 우주선 기준계를 비교해야 하고, 지구 기준계와 지구로 돌아오는 우주선 기준계를 따로따로 비교해야 합니다.

다음 설명은 상대론적으로 옳습니다.

지구와 지구에서 멀어지는 우주선 기준계에서 보면, 서로 상대가 나이를 느리게 먹는 것으로 보입니다. 지구와 지구로 돌아오는 우주선 기준계에서 보면, 이때도 서로 상대가 나이를 느리게 먹는 것으로 보여야 합니다. 그런데 가는 우주선 기준계가 돌아오는 우주선 기준계로 바뀔 때 문제가 됩니다. 이 바뀌는 과정은 관성 기준계가 아니기 때문입니다.

빠르게 달리는 우주선이 별을 빙 도는 과정을 생각해 보세요. 이때 우주선 안에 타고 있는 철수는 어떤 느낌이 들까요? 대단히 큰 이상한 힘이 자신을 바깥으로 밀어내는 듯한 느낌이 들지 않을까요? 우주선이 방향을 바꿀 때 생기는 원심력 때문에 이런 느낌이 들었을 것입니다. 따라서 이 계는 관성 기준계가 아닙니다. 이 과정에서 우주선 기준계와 지구 기준계를 비교하기 위해서는 지금까지 설명한 특수 상대론을 사용할 수 없습니다. 관성 기준계가 아니기 때문입니다.

가는 우주선 기준계에서 오는 우주선 기준계로 바뀌는 과정에서 엄청난 변화가 발생합니다. 우주선이 별을 돌기 전에 별로 가는 우주선 기준계에서 보면, 분명히 지구에 있는 영희의 나이가 적습니다. 하지만 별을 돌아서 지구로 오는 우주선 기준계에서 보면, 영희가 갑자기 늙어 버린 것으로 보입니다. 그래서 돌아오는 내내 철수가 보기에 영희는 철수보다 천천히 늙어 가겠지만, 회전하는 과정에서 이미 철수보다 갑자기 늙어 버린 영희는 두 사람이 서로 만났을 때도 철수보다 많이 늙어 있게 되는 것입니다.

그런데 이런 생각이 들지는 않나요? 철수에게는 영희가 있는 지구가 멀어졌다가 빙 돌아서 자신에게로 오는 것처럼 보이지 않을까요? 그러면 같은 논리로 영희가 더 젊어져야 하지 않을까요? 하지만 이 주장에는 문제가 있습니다. 지구에 있는 영희는 철수처럼 이상한 원심력 같은 힘을 경험하지 못합니다. 따라서 철수와 영희의 상황을 대칭적인 관계로 볼 수는 없습니다.

이 현상을 제대로 이해하기 위해서는 가는 우주선에서 오는 우주선으로 좌표가 변환될 때 무슨 일이 일어나는지 수학적으로 계산할 수 있어야 합니다. 여기에서 이 과정을 다루기에는 너무 복잡하고 긴 설명이 필요합니다. 또한 이것을 완전하게 설명하기 위해서는 특수 상대론이 아닌 일반 상대론을 적용해야 합니다.

결국 맞는 결론은 우주여행을 한 사람이 더 젊다는 것입니다. 쌍둥이 역설은 역설이 아닙니다.

일반 상대론

모든 기준계에서 같은 물리 법칙

앞에서 설명한 것과 같이 상대성 원리는 모든 기준계에서 같은 물리 법칙이 성립한다는 것입니다. 그런데 특수 상대론에서는 모든 기준계가 아니라 관성 기준계에서 모든 물리 법칙이 같아야 한다는 조건을 사용했습니다. 이것은 완전한 상대성 원리가 되지는 못합니다. 완전한 상대성 원리가 성립하기 위해서는 관성 기준계 뿐만 아니라 비관성 기준계에서도 성립해야 합니다.

방이라는 공간은 관성 기준계일까요? 관성 기준계라면 관성의 법칙이 성립해야 합니다. 그렇다면 정지해 있는 물체는 계속 정지해 있고, 운동하는 물체는 계속 같은 속도로 운동해야 합니다. 여러분이 있는 방은 이 조건을 만족합니까?

공을 들고 있다가 가만히 놓아 보세요. 공은 아래로 떨어집니다. 그것도 같은 속도로 떨어지는 것이 아니라 점점 빨리 떨어집니다. 따라서 방이라는 공간에서는 관성의 법칙이 성립하지 않습니다.

방은 관성 기준계가 아닙니다. 중력이 있기 때문입니다.

중력이 없거나 중력이 아주 약한 우주 공간에서는 물체를 놓으면 물체가 그 자리에 그냥 있고, 물체를 던지면 같은 속도로 계속 갑니다. 따라서 우주 공간은 관성 기준계가 될 수 있습니다. 앞에서 설명한 것처럼 자유 낙하하는 엘리베이터 내부도 관성 기준계가 될 수 있습니다.

방과 같이 중력이 존재하는 공간은 비관성 기준계입니다. 하지만 중력이 없어도 관성 기준계가 되지 못하는 공간이 있습니다. 우주 공간에서 등속도로 운동하는 우주선 내부는 당연히 관성 기준계입니다. 하지만 이 우주선이 점점 빨리 움직인다고 합시다. 그렇다면 우주선 내부는 관성 기준계일까요?

관성 기준계가 되려면 관성의 법칙이 성립해야 한다고 했지요? 점점 빨리 움직이는 우주선 안에서 들고 있던 공을 가만히 놓으면 어떻게 될까요? 공은 우주선이 운동하는 방향(가속도의 방향)과 반대 방향으로 떨어질 것입니다. 그것도 우주선의 가속도와 크기가 같은 가속도를 가지고 떨어질 것입니다. 이 상황을 잘 이해하는 것이 매우 중요합니다.

생각해 보세요. 일정한 속도로 운동하는 우주선 안에 있는 공은 우주선과 같은 속도로 운동하고 있었을 것입니다. 우주선이 계속 등속도로 운동한다면, 그 안에 있는 공도 관성에 따라 우주선과 같이 등속도로 운동할 것입니다. 공과 우주선이 같이 가므로 우주선 안에서 공을 보면 공은 그 자리에 가만히 있는 것으로 보이겠지요?

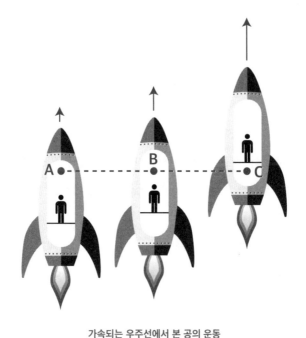

가속되는 우주선에서 본 공의 운동
가속되는 우주선을 타고 있는 관찰자가 공중에 있는 공을 보면,
공이 아래로 떨어지는 것처럼 보인다.

    그런데 우주선이 가속된다고 합시다. 이 경우에도 공은 우주선
이 가속된다는 사실을 알 까닭이 없으니 처음 가던 속도를 유지하
면서 갈 것입니다. 그런데 우주선이 점점 더 빨라집니다. 공은 관
성 때문에 원래 속도로 그대로 가고 우주선은 점점 빨라진다면, 우
주선 안에 있는 사람에게는 이 상황이 어떻게 보일까요? 공은 등
속도로 날아가고 우주선과 우주선을 탄 사람은 점점 더 빨라지니
공이 우주선의 진행 방향으로부터 점점 더 뒤로 처지지 않겠습니
까? 공은 우주선이 앞으로 가속되는 것과 같은 가속도로 뒤로 가
속되는 것으로 보일 것입니다. 따라서 가속되는 우주선 안은 관성

기준계가 아니라 비관성 기준계가 됩니다.

이런 비관성 기준계에서도 같은 물리 법칙이 성립할까요? 관성 기준계에서는 뉴턴의 운동 법칙($F=ma$)이 성립합니다. 이 말은 물체에 힘이 작용하지 않으면 가속도(a)가 영이어야 한다는 것을 의미합니다. 우주 공간에 정지해 있거나 등속도로 운동하는 우주선 안에서 실험한다면, 뉴턴의 운동 법칙이 성립한다는 것을 쉽게 알 수 있습니다. 그렇다면 가속 운동을 하는 우주선 안에서 실험해도 뉴턴의 운동 법칙이 성립할까요?

앞에서 설명한 가속 운동을 하는 우주선 안에 어떤 물체가 있다고 합시다. 그 물체에 아무런 힘도 작용하지 않으면 물체는 가만히 있을까요? 앞에서 설명한 것과 같이 그 물체는 우주선의 운동 방향과 반대 방향으로 가속 운동을 하면서 떨어집니다. 다시 말하면 그 공간에서는 '물체에 힘이 작용하지 않으면 가속도가 영이다.'라는 물리 법칙이 성립하지 않습니다. 상대성 원리가 성립하지 않는 것입니다.

앞에서 여러 번 언급한 것처럼 상대성 원리는 모든 기준계에서 같은 물리 법칙이 성립한다는 것입니다. 이 말을 바꾸어 '모든 기준계는 동등하다.'라고 해도 마찬가지입니다. 모든 기준계가 동등하다는 것은 어떤 기준계가 운동하고, 어떤 기준계가 운동하지 않는지 구별할 수 없다는 뜻입니다.

이제 앞에서 예로 든 가속되는 우주선 안을 생각해 봅시다. 우주선 안에 있는 사람은 자신이 탄 우주선이 가속되는지 가속되지 않는지 알 수 없을까요? 가만히 있던 우주선이 갑자기 출발하거나 멈추면, 몸이 뒤나 앞으로 쏠릴 것입니다. 공중에 떠 있던 공도 뒤로 떨어지거나 앞으로 올라갈 것입니다. 이것을 보고 우주선이 가속되는지 감속되는지 등속도로 가는지 알 수 있지 않을까요? 이렇게 되면 모든 기준계가 동등하다는 상대성 원리가 틀리게 됩니다.

아인슈타인은 이것이 큰 문제라고 생각했습니다. 그가 생각했을 때 물리 법칙은 모든 기준계에서 동등하게 성립해야 하기 때문입니다. 여러분은 어떻게 생각하나요? 비관성 기준계에서는 다른 물리 법칙이 성립해도 좋습니까? 이 세상이 의미가 있으려면 모든 기준계에서 같은 물리 법칙이 성립해야 합니다. 하지만 앞에서 설명한 것과 같이 비관성 기준계에서는 관성 기준계와는 다른 물리 법칙이 성립합니다. 아인슈타인은 이 문제의 심각성을 인지하고, 문제를 해결하는 방안을 모색했습니다.

이제 다시, 가속되는 우주선으로 돌아가 봅시다. 가속되는 우주선 안에 있는 사람이 공을 공중에서 놓으면 뒤로 떨어집니다. 왜 그럴까요? 공이 뒤로 가속되는 것이 아니라 우주선이 앞으로 가속되기 때문입니다. 공은 그 자리에 가만히 있고 우주선이 앞으로 가속되는데, 우주선 안에 있는 사람에게는 마치 공이 뒤로 떨어지는 것처럼 보입니다. 우주선 안에 있는 사람이 '착각'한 것이지요.

그런데 우주선 안에 있는 사람은 자신이 착각하고 있다는 것을 알아차릴 수 있을까요? 그가 우주선 밖을 내다볼 수도 없고, 비록 내다본다고 해도 바깥은 아무것도 없는 우주 공간이라면 말입니다. 그렇다면 우주선 안에 있는 사람은 왜 물체가 뒤로 떨어진다고 생각했을까요? 그가 아리스토텔레스였다면 물체의 무게 때문에 그렇게 떨어진다고 생각했을 것입니다. 하지만 그가 뉴턴이었다면 틀림없이 뒤쪽 방향으로 중력이 작용한다고 생각했을 것입니다. 실제로 뉴턴은 자유 낙하하는 물체에는 중력이 작용한다고 생각했습니다.

그런데 그 우주선 안에 무슨 중력이 작용한단 말입니까? 우주선이 앞으로 가속되기 때문에 나타나는 현상이지, 실제로 중력이 작용하는 것은 아닙니다. 하지만 우주선 안에 있는 사람은 자신이 가속되는 우주선 안에 있다는 것을 어떻게 알 수 있을까요? 지구에 있는 우리는 중력 때문에 물체가 아래로 떨어진다고 생각합니다. 이처럼 가속되는 우주선 안에 있는 사람도 중력 때문에 공이 떨어진다고 생각할 수밖에 없습니다. 그에게 중력이 작용하는 것이 아니라 가속되는 우주선 안에 있다는 것을 설득할 방법이 있을까요?

아인슈타인은 설득할 방법이 전혀 없다고 생각했습니다. 아니, 설득할 방법이 없어야 한다고 생각했습니다. 그래야 모든 기준계에서 같은 물리 법칙이 성립하기 때문입니다. 이것은 정말 위대한 깨달음이었습니다. 이 생각이 일반 상대론의 출발점이었습니다.

중력과 관성력(등가 원리)

가속되는 우주선 안에서도 가속되지 않은 우주선 안에서와 같은 물리 법칙(뉴턴의 운동 법칙)이 성립해야 합니다. 하지만 앞에서 살펴본 것처럼 그렇지 못합니다. 왜 그럴까요? 좀 더 자세히 분석해 봅시다.

관성 기준계에서는 당연히 같은 물리 법칙이 성립합니다. 물체에 힘이 작용하면 가속되고, 힘이 작용하지 않으면 정지해 있거나 등속도 운동을 합니다. 하지만 가속되는 우주선 안에서는 그렇지 않습니다. 힘이 작용하지 않는데도 물체가 아래로 가속 운동을 합니다. 즉, 뉴턴의 운동 법칙이 성립하지 않습니다. 어떻게 하면 가속되는 우주선 안에서도 물리 법칙이 성립할 수 있게 만들 수 있을까요?

답은 간단합니다. 가속되는 우주선 안에 중력이 작용한다고 생각하면 됩니다. 중력은 힘이기 때문에 힘이 작용하면 물체가 당연히 가속됩니다. 가속되는 우주선 안에 있는 사람은 물체가 중력 때문에 떨어진다고 생각합니다. 이 생각은 과연 옳을까요? 우주선 안에서 물체가 아래로 떨어지는 것은 중력 때문이 아니라 우주선의 가속도에 의해서 생기는 가짜 힘 때문이 아닐까요? 이것은 원심력처럼 '관성력'이라고 부르는 힘 아닐까요? 이 관성력을 중력이라고 한다고 중력이 되는 것일까요?

뉴턴의 이론에서 중력과 관성력은 근본이 다른 힘입니다. 중력은 질량이 있는 물체가 만들어 내는 중력장에 의해서 생기는 힘입니다. 지구가 있기에 지구의 중력이 있는 것입니다. 질량을 가진 모든 물체에는 중력이 작용합니다. 관성력은 가속 운동 때문에 생기는 가짜 힘입니다. 원심력이 관성력의 좋은 사례입니다. 우주선 안에 있는 사람이 말하는 중력은 사실 중력이 아니라 관성력입니다. 관성력을 중력으로 '착각'한 것입니다.

그런데 그것이 '착각'이라는 것을 증명할 방법이 없다는 것입니다. 하지만 중력과 관성력이 근본이 다른 힘이라면, 차이를 찾는 일이 불가능할까요? 아인슈타인은 그것이 불가능할 뿐만 아니라 불가능해야 한다고 생각했습니다. 그것이 불가능해야 우주선 안에 있는 사람은 그 힘을 중력이라고 생각하게 되고, 중력이 작용한다고 생각하면 뉴턴의 운동 법칙이 성립하게 됩니다.

이제 논의를 마무리하겠습니다. 중력과 관성력을 구별하는 것이 불가능하면, 가속되는 기준계에서도 같은 물리 법칙이 성립하게 됩니다. 그러면 상대성 원리가 일반적으로 성립하게 됩니다. 그렇게 되기 위해서는 중력과 관성력이 동등해야 하고, 구별 불가능해야 합니다. 이제 비로소 상대성 원리가 관성 기준계라는 조건 없이 어떤 기준계에서도 성립하게 되었습니다.

관성력과 중력이 같다는 것을 '등가 원리'라고 합니다. 등가 원리가 성립해야만 비관성 기준계에서도 같은 물리 법칙이 성립하고, 상대성 원리가 완성되는 것입니다.

상대성 원리: 물리 법칙은 모든 기준계(관성 기준계와 비관성 기준계)에서 같다.

중력 질량과 관성 질량

중력과 관성력이 등가라는 것은 중력 질량과 관성 질량이 같다는 뜻입니다. 중력 질량은 중력을 만들어 내는 원인이 되는 질량이고, 관성 질량은 관성을 만들어 내는 원인이 되는 질량입니다. 이 두 가지를 모두 질량이라고 부르기는 하지만 전혀 다른 물리량입니다.

어떤 물체를 들어 보면 무겁습니다. 그것은 이 물체의 중력 질량이 크기 때문입니다. 어떤 물체를 밀어 보면 잘 움직이지 않습니다. 그것은 이 물체의 관성 질량이 크기 때문입니다. 우리의 경험에 의하면 무거운 물체는 밀기도 어렵습니다. 우리는 항상 그런 경험을 하면서 살아왔기 때문에 무거운 물체는 밀기도 어렵다는 것을 당연하다고 생각합니다. 그런데 왜 이것이 당연할까요? 이유를 찾아보세요. 아무런 이유도 찾을 수 없습니다. 그런데 사실이 그렇다면 정말 이상한 일 아닐까요?

자유 낙하하는 물체의 운동을 생각해 봅시다.

이 물체에는 중력이 작용합니다. 이것은 지구와 물체 사이에 작용하는 힘입니다. 이 힘은 지구의 질량과 물체의 질량의 곱에 비례하고, 둘 사이 거리의 제곱에 반비례합니다. 이것이 뉴턴의 중력

이론이고, 식은 다음과 같이 씁니다.

$$F = G\frac{Mm}{r^2}$$

여기에서 M은 지구의 질량이고, m은 물체의 질량입니다. 이것은 중력을 만들어 내는 질량이므로 '중력 질량'이라고 부릅니다.

뉴턴의 운동 법칙인 $F = ma$에서 m은 어떤 질량일까요? 물체에 힘을 작용하면 그 물체는 힘에 저항합니다. 그 저항하는 정도를 나타내는 질량이 바로 m입니다. 이 질량을 '관성 질량'이라고 합니다.

앞의 두 식에 나오는 질량을 모두 m이라고 표시했지만, 앞의 질량은 중력 질량이고, 뒤의 질량은 관성 질량입니다. 보통 이 두 가지 모두 질량이라고 표시하고 구별하지 않지만, 근본은 전혀 다른 질량입니다. 근본이 다름에도, 다르다는 아무런 증거가 없습니다.

그런데 왜 이 두 질량이 같아야 할까요?

이것은 오래전부터 과학자들이 고민했던 문제입니다. 과학자들은 이 두 가지 사이에는 분명 무슨 차이가 있을 것이라고 믿었습니다. 그래서 정밀한 실험도 여러 번 해 보았지만, 이 두 질량은 언제나 같았습니다. 하지만 왜 같아야 하는지 도무지 알 수 없었습니다.

그러던 중 아인슈타인이 나타나 두 질량이 같아야 한다고 주장했습니다. 그는 두 질량이 같지 않으면 상대성 원리가 성립하지 않는다고 생각했습니다. 상대성 원리가 성립하는 것이 왜 중요하냐고요? 앞에서 언급한 것처럼 이 세상이 의미가 있으려면 모든 관측자에게 물리 법칙이 같아야 하기 때문입니다. 관측자에 따라서 물리 법칙이 달라진다면 이 세상은 어떻게 될까요? 하나의 물리 법칙이 아니라 서로 다른 물리 법칙이 세상을 지배한다면, 이 세상은 하나의 세상이 아니라 다른 세상이 되어야 합니다. 따라서 모든 물리 이론이 다 틀릴지라도 상대성 원리가 틀릴 수는 없습니다.

상대성 원리가 성립하기 위해서는 중력과 관성력이 같은 힘이어야 하고, 중력 질량과 관성 질량도 같아야 합니다. 아인슈타인이 비로소 중력과 관성력, 다시 말하면 중력 질량과 관성 질량이 같아야 하는 이유를 찾은 것입니다.

중력에 의해 빛이 휘어지다

중력과 관성력이 등가라면 신기한 현상이 벌어집니다. 뉴턴의 중력 이론에 의하면, 빛은 질량이 없으므로 중력에 영향을 받지 않습니다.

앞에서 가속되는 우주선에 대해 간단히 설명했지만, 여기에서는 좀 더 자세히 알아보도록 합시다. 빛은 진공에서 직진합니다. 빛이 투명 우주선을 수평으로 가로질러 지나가는 상황을 생각해 봅시다. 빛은 당연히 우주선이 가거나 말거나 그냥 직선으로 진행할 것입니다.

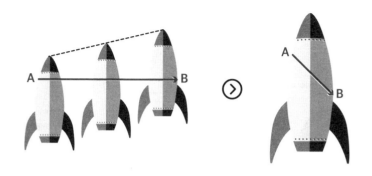

등속도로 운동하는 우주선에서 본 빛의 경로
등속도로 운동하는 우주선에서 수평으로 진행하는 빛을 보면,
빛이 비스듬하게 아래로 진행하는 것처럼 보인다. 그래도 빛은 여전히 직진하는 모습이다.

　왼쪽 그림을 보면, 빛은 직진하고 우주선은 등속도로 올라가고 있습니다. 빛은 우주선의 A로 들어와서 B로 나가게 될 것입니다. 우주선 밖에서 보면 이 빛은 수평으로 직진합니다. 그런데 오른쪽 그림처럼 우주선 안에 있는 사람이 이 빛을 보면 어떻게 보일까요? 당연히 빛은 A로 들어와서 B로 나갈 것입니다. 하지만 빛이 수평 방향이 아니라 아래로 비스듬히 직진하는 것으로 보일 것입니다. 그래도 빛이 직선으로 날아가는 것은 마찬가지입니다.

　이번에는 가속 운동을 하는 우주선을 생각해 봅시다. 이 경우에도 빛은 수평으로 직진할 것입니다. 빛이야 우주선이 가만히 있거나, 등속 운동하거나, 가속 운동하거나 신경 쓸 필요가 없겠지요.

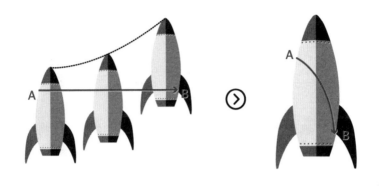

가속되는 우주선에서 본 빛의 경로

가속되는 우주선에서 수평으로 직진하는 빛을 보면,
빛이 직진하는 것이 아니라 휘어지는 것처럼 보인다.

하지만 우주선 기준에서 보면 이 빛은 어떻게 보일까요?

이 경우에도 빛은 A로 들어와서 B로 나갈 것입니다. 하지만 이
번에는 B의 위치가 우주선이 등속 운동할 때보다 더 아래로 내려
와 있습니다. 이 빛의 경로를 좀 더 자세히 추적해 본다면, 직선이
아니라 곡선일 것입니다. 우주선이 점점 빨라지는 가속 운동을 했
기 때문입니다. 우주선의 가속도가 크면 클수록 빛이 휘어지는 정
도는 점점 더 심해질 것입니다.

빛이 휘어지다니, 얼마나 황당한 일입니까? 빛은 물이나 유리
같은 매질을 통과할 때 꺾이기도 하지만, 아무것도 없는 공간에서
휘어진다는 것은 너무 이상합니다. 하지만 빛이 직진한다면 가속

되는 우주선 안에서 휘어져 보이는 것은 논리적으로 문제가 없습니다. 아인슈타인은 이러한 사고 실험을 통해서 가속되는 기준계에서는 빛이 휘어진다고 확신했습니다.

그런데 우주선 안에 있는 사람은 자신이 가속된다는 것을 알 수 없습니다. 아니, 알 수 없어야 합니다. 상대성 원리가 성립하기 위해서는 모든 기준계에서 같은 물리 법칙이 성립해야 하기 때문입니다. 그렇다면 우주선 안에 있는 사람은 빛이 왜 휘어진다고 생각할까요? 그렇습니다. 중력 때문이라고 생각할 것입니다. 지구에서 물체가 아래로 떨어지는 현상을 보고 중력이 작용한다고 생각하는 것과 마찬가지로 가속되는 우주선 안에서도 물체를 놓으면 아래로 떨어지기 때문에 당연히 중력이 작용하고 있다고 생각할 것입니다.

아인슈타인은 우주선 안에 있는 사람이 이렇게 생각하는 것이 당연하고, 그들의 생각에 어떤 잘못도 없어야 상대성 원리가 성립한다는 사실을 깨달았습니다. 앞에서 설명했듯이 중력과 관성력이 동등하다는 것은 아인슈타인의 등가 원리입니다. 등가 원리가 성립한다면 가속되는 계가 아니라 중력이 작용하는 공간에서도 빛이 휘어져야 합니다.

그런데 정말 중력이 빛을 휘게 할까요? 사람들은 가속되는 계에서 빛이 휘어지는 것으로 보이는 것은 빛이 정말 휘어져서가 아니라 자신이 탄 우주선이 가속되기 때문에 휘어지는 것으로 보일 뿐이라고 생각합니다. 그래서 가속계가 아닌 중력장 속에서도 빛이 휘어져야 한다는 것을 믿지 않았지요. 하지만 아인슈타인은 가속되는 계에서 빛이 휘어진다면, 중력장에서도 빛이 휘어져야 한다고 생각했습니다.

당시 과학계에서는 이 문제가 초미의 관심사였습니다. 상대론이 정말 옳은지 아닌지의 갈림길에 서 있었기 때문입니다.

그런데 중력으로 빛이 휘어지는 현상을 관찰하려면 엄청나게 큰 중력이 필요합니다. 지구의 중력에도 빛이 휘어지기는 하겠지만, 휘어지는 정도가 너무 작아서 관측할 수 없습니다. 우주에서 가장 큰 중력은 블랙홀이 만들지만, 블랙홀은 너무 멀리 있습니다.

우리에게 빛을 휘게 하는 가장 가까운 천체는 태양입니다. 태양에 의해서 빛이 휘어지는 현상을 관찰하기 위해서는 별빛을 이용해야 하는데, 낮에는 태양 때문에 별을 볼 수 없습니다. 그래서 달이 태양을 완전히 가리는 개기 일식을 이용하게 되었습니다.

드디어 앞에서 언급한 것처럼 1919년 5월 29일 에딩턴이 중앙 아프리카의 프린시페섬에서 개기 일식 사진을 찍었고, 아인슈타인이 주장했던 빛이 중력에 의해서 휘어지는 현상을 직접 관찰했습니다. 이 사건은 아인슈타인을 세계적으로 유명하게 만드는 데 결정적인 역할을 했습니다.

빛이 별의 중력 때문에 휘어진다면, 무거운 별은 빛을 더 크게 휘어지게 할 것입니다. 이 끌림이 더욱 강해지면, 빛이 별로부터 탈출하지 못할 수도 있지 않을까요? 실제로 그런 별이 있습니다.

바로 신비의 천체 블랙홀입니다. 블랙홀은 빛도 잡아먹어 버리기 때문에 볼 수는 없지만, 그 주위를 지나는 빛이나 별의 움직임을 보고 블랙홀의 존재를 알 수 있습니다. 빛이 휘어지는 정도로부터 블랙홀의 크기를 계산할 수도 있습니다.

빛이 중력에 의해서 휘어진다는 것은 근본적으로 공간이 휘어진다는 것을 의미합니다. 공간이 휘어진다는 것이 무슨 뜻인지 잘 이해가 안 되겠지만, 이것은 빛이 휘어진다는 특수한 현상으로 그치지 않고 우주 공간의 보편적 특성으로 확장된다는 것을 의미합니다. 빛이 휘어진다는 것이 과학이라면, 공간이 휘어진다는 것은 철학입니다. 그래서 상대론은 과학계만이 아니라 철학을 포함한 모든 영역에 놀라움을 선사했습니다.

아인슈타인은 실험 물리학자가 아니었습니다. 그는 오로지 생각만으로 빛이 중력에 의해서 휘어진다는 사실을 알아냈고, 이것은 과학을 넘어 인류의 정신사에 크나큰 영향을 미쳤습니다. 인간의 생각이 얼마나 대단할 수 있는지 아인슈타인이 보여 준 것입니다.

에너지를 창조하다

물리나 아인슈타인을 좋아하는 사람은 $E=mc^2$가 새겨진 티셔츠 하나 정도는 가지고 있지 않을까요? 이 식은 아인슈타인의 상징처럼 굳어졌고, 원자탄 이야기가 나오면 으레 등장합니다. 상대론의 결과로 나오는 식이기는 하지만, 상대론보다 더 단순하고 지니고 있는 상징성이 커서 일반 대중에게 더 많이 알려져 있는 식이기도 합니다. 뉴턴의 운동 법칙인 $F=ma$보다 더 많이 알려진 식이 아닐까요? 지금부터 이 식이 어떻게 나왔고, 어떤 의미가 있는지 살펴봅시다.

$$E = mc^2$$

뉴턴의 이론에 의하면 질량은 영구불변의 물리량입니다. 이것을 질량 보존의 법칙이라고 합니다. 하지만 아인슈타인은 질량이 에너지로 변환될 수 있고, 에너지가 질량으로 변환될 수 있다고 했습니다. 질량이 에너지이고, 에너지가 곧 질량이라는 뜻입니다.

질량과 에너지, 전혀 상관이 없을 것 같은 두 물리량이 하나라는 것은 대단한 발견입니다. 그런데 이 위대한 발견도 알고 보면 매우 단순한 생각에서 나왔습니다.

빛이 운동량을 가지고 있다는 것은 파동 이론에서도 나옵니다. 어떤 물체가 운동량을 가지고 있다는 것은 무엇에 충격을 줄 수 있다는 것을 의미합니다. 빛도 충격을 줄 수 있습니다. 이것을 '복사압'이라고 합니다.

라디오미터는 진공인 관 속에 회전하는 팔랑개비가 설치된 장치입니다. 팔랑개비 날개의 한쪽은 검게, 반대쪽은 하얗게 칠하고 빛을 비추면 팔랑개비가 돌아갑니다. 빛이 운동량을 가지고 있기 때문입니다.

일반적으로 물체가 운동량을 가지려면 질량이 있어야 하지만, 파동(빛)은 질량이 없어도 운동

라디오미터(radiometer)
팔랑개비의 한쪽은 검은색,
반대쪽은 흰색으로 되어 있다.
완전 진공이어야 하지만,
시중에서 판매하는 장치에는 보통
희박하게 공기가 들어 있다.

량은 있습니다. 앞에서 언급한 것처럼 운동량이 있다는 것은 다른 물체에 충격을 가할 수 있다는 것을 의미하기 때문에 어떤 면에서는 질량이 있는 것과 마찬가지입니다.

빛은 질량이 없지만, 운동량(p)도 있고 에너지(E)도 있습니다. 이 에너지와 운동량의 관계는 다음과 같습니다.

$$E = pc$$

이 식은 아인슈타인이 알아낸 것이 아니라 맥스웰의 전자기 이론에서도 나오는 결론입니다. 이 식을 증명하는 것이 그렇게 어려운 일은 아닙니다. 다음 내용을 참고하기 바랍니다.

빛의 운동량과 에너지와의 관계

질량을 가진 입자의 운동 에너지를 알아내기 위해서는 움직이고 있는 물체를 멈추게 하는 데 얼마나 많은 일을 해 주어야 하는지 알아보면 됩니다. 달리는 자동차를 반대편에서 밀어서 자동차를 멈추게 하려면 일을 해 주어야 하지요. 이때 한 일의 양이 자동차의 운동 에너지가 됩니다.

고등학교 물리 교과서에도 나오는 내용이지만, 질량을 가진 물체의 운동량과 운동 에너지는 다음과 같습니다.

$$p = mv$$

$$E = \frac{1}{2}mv^2$$

따라서 운동량과 에너지(여기에서는 운동 에너지) 사이에는 다음과 같은 관계가 성립합니다.

$$E = \frac{p^2}{2m}$$

그렇다면 빛의 운동량과 에너지 사이에는 어떤 관계가 있을까요?

빛도 에너지를 가지고 있습니다. 에너지를 가진 빛의 운동을 멈추기 위해서는 얼마만큼의 일을 해야 할까요? 빛은 질량이 없지만 운동량이 있기 때문에 빛을 멈추기 위해서도 힘이 필요합니다. 그 힘이 얼마일까요?

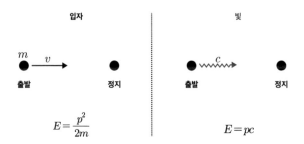

입자   빛

m v c

출발   정지   출발   정지

$$E = \frac{p^2}{2m} \qquad\qquad E = pc$$

입자와 광자의 운동량과 에너지
입자와 광자는 모두 에너지와 운동량을 갖는다.
하지만 광자는 질량이 없으므로 운동량과 에너지의 관계가 입자와는 다르다.

일반적으로 뉴턴이 말하는 힘(F)은 운동량(p)의 변화량과 같습니다. 그런데 우리는 운동량이 시간에 따라 어떻게 변하는지 알 수 없습니다. 그래서 간단하게 p인 운동량이 시간 t가 지난 후에 영이 되었다고 합시다. 그러면 힘은 다음과 같이 나타낼 수 있습니다.

$$F = \frac{p}{t}$$

빛에 이만한 힘이 작용할 때, 빛이 x만큼 이동해서 멈춘다고 합시다. 이때 한 일은 다음과 같이 작용한 힘에 거리를 곱한 값입니다.

$$W = Fx = \frac{p}{t}x = p\frac{x}{t}$$

$\dfrac{x}{t}$ 에서 x는 빛이 이동하다가 멈추기까지의 거리이고, t는 그때까지
걸린 시간입니다. 거리를 시간으로 나눈 값이 속도이므로 여기에서는 빛
의 속도가 됩니다. 빛의 속도를 c라고 하면 $W = pc$가 됩니다. 이것이 빛을
멈추는 데 필요한 일입니다. 달리는 자동차를 멈추기 위해서 한 일이 그
자동차의 운동 에너지라고 하지 않았습니까? 따라서 이 빛에 대해서 한
일은 빛의 운동 에너지라고 할 수 있습니다. 그리고 이 빛은 질량이 있는
입자와는 달리 운동 에너지 외에 다른 에너지가 없습니다. 즉, 빛은 운동
에너지가 곧 빛의 에너지 전부입니다. 따라서 빛의 운동량과 에너지 사이
에는 다음과 같은 관계가 성립합니다.

$$E = pc$$

이제 $E=pc$ 라는 관계가 있다는 것을 알았으니, $E=mc^2$ 라는 관계식을 증명하기 위해서 운동량(p)이 질량과 어떤 관계가 있는지 알아내야 합니다.

빛이 운동량을 가지고 있다면 다른 물체에 충격을 가할 수도 있고, 충격을 가할 수 있다는 것은 힘이 작용한다는 뜻입니다. 뉴턴의 생각을 빌린다면 질량이 있다는 의미입니다. 그래서 빛은 질량이 없지만 마치 질량이 있는 것처럼 행동하는 것입니다. 이때 질량이 있는 것처럼 행동하는 질량 값을 얼마라고 해야 할까요?

이것은 '빛이 어떤 물체에 가하는 충격과 같은 충격을 가하려면 질량이 얼마인 물체여야 할까?' 하는 질문과 같습니다.

지금부터 이 질문에 대한 증명을 살펴보겠습니다.

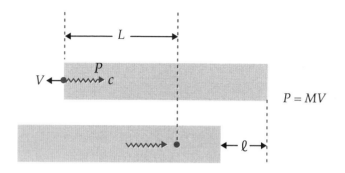

빛의 반동으로 밀리는 상자

빛이 정지해 있던 상자의 왼쪽에서 출발한다면,
빛의 반동으로 상자가 왼쪽으로 밀리게 된다.
이때 빛의 운동량과 상자의 운동량은 같아야 한다.

증명을 위해서 아인슈타인이 고안한 사고 실험을 도입해 보겠습니다.

빛은 운동량을 가지고 있으므로 출발하면서 상자를 뒤로 밀게 됩니다.
빛은 오른쪽으로 진행하고, 상자는 왼쪽으로 밀려갈 것입니다. 그림과 같
이 빛이 이동한 거리를 L, 상자가 이동한 거리를 l이라고 합시다.

상자가 뒤로 밀리는 정도는 상자의 질량(M)에 관계되고, 밀리는 속력
(V)은 운동량 보존 법칙($p=MV$)과 운동량과 에너지 관계식($E=pc$)을
적용해서 다음과 같이 구할 수 있습니다.

$$V = \frac{p}{M} = \frac{E}{Mc}$$

빛이 오른쪽으로 L만큼 이동한다면, 상자는 얼마나 이동해야 할까요?

빛이 이동하는 동안 상자도 이동할 것이니, 빛과 상자가 이동하는 시간은 같습니다. 빛이 L이라는 거리를 이동하는 데 걸리는 시간은 L/c입니다.

$$t = \frac{L}{c}$$

따라서 상자가 이동한 거리(l)는 다음과 같습니다.

$$l = V\frac{L}{c} = \frac{EL}{Mc^2}$$

이제 빛 대신 작은 총알을 쏜다고 생각해 봅시다. 이 총알의 운동량은 앞에서 설명한 빛의 운동량과 같다고 가정해 보겠습니다.

이 경우에도 상자는 총알의 반동 때문에 뒤로 밀릴 것입니다. 이때 상자의 운동량과 총알의 운동량은 방향만 반대이고 같아야 합니다. 따라서 상자가 이동한 거리는 총알이 이동한 거리보다 짧습니다. 그 거리는 두 물체의 속도에 비례하고, 속도는 질량에 반비례합니다. 따라서 다음과 같은 관계가 성립합니다.

$$\frac{m}{M} = \frac{v}{V} = \frac{l}{L}$$

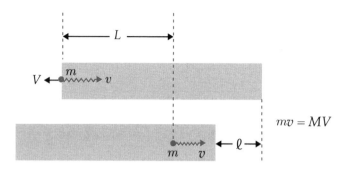

총알의 반동으로 밀리는 상자

정지해 있던 상자의 왼쪽에서 총알을 발사한다면, 상자는 뒤로 밀릴 것이다.
이때에도 밀리는 상자의 운동량과 총알의 운동량은 같아야 한다.

앞의 식은 빛일 때 상자가 밀리는 거리를 나타낸 것이고, 뒤의 식은 질
량이 m인 입자일 때 상자가 밀리는 거리를 나타낸 것입니다. 빛이 상자에
가하는 충격은 질량이 얼마인 물체에 해당하는지 알아보려면, 이 두 식에
있는 l의 값이 같기 위해서 에너지 E가 어떤 값이어야 하는지를 보면 됩니
다. 이 두 식이 같기 위해서는 다음 관계가 성립해야 합니다.

$$E = mc^2$$

이것이 바로 질량-에너지 등가를 나타내는 아인슈타인의 유명한 식입
니다.

[참고] 상대론적 질량 변환식을 이용한 $E=mc^2$의 증명

$$m = \frac{m_0}{\sqrt{1-v^2/c^2}}$$

이 식의 양변을 제곱해 정리하면, 다음과 같은 관계식을 얻을 수 있습니다.

$$(c^2-v^2)m^2 = m_0^2 c^2$$

이 식을 미분해 정리하면, 다음 식을 얻을 수 있습니다.

$$(c^2-v^2)dm = mvdv$$

물체의 운동 에너지는 힘이 작용해서 한 일의 양으로 정의합니다.

$$K = \int F \cdot dx = \int \frac{dp}{dt} \cdot dx$$

여기에서 운동량(p)은 질량과 속도의 곱(mv)이므로, 다음 결과를 얻을 수 있습니다.

$$K = \int_0^v mvdv + \int_{m_0}^m v^2 dm$$

이것을 정리하면, 다음 관계식을 얻을 수 있습니다.

$$K = c^2 \int_{m_0}^{m} dm$$

이것을 적분하면, 다음 식을 얻게 됩니다.

$$mc^2 = m_0 c^2 + K$$

이 식을 가만히 살펴봅시다. K는 물체의 운동 에너지입니다. $m_0 c^2$는 물체가 정지해 있을 때의 에너지이고, mc^2는 물체가 운동할 때의 에너지입니다. 다시 말하면 운동하는 물체의 전체 에너지입니다. 만약 빛처럼 정지 질량이 없는 물체라면 어떻게 될까요? 이때는 $m_0 c^2 = 0$입니다. 따라서 빛의 에너지는 mc^2가 됩니다.

어떻습니까? 너무 간단하지 않나요? 여기에서 사용한 수학식은 곱하기와 나누기뿐입니다. 이처럼 아인슈타인은 복잡한 현상을 매우 단순한 방식으로 설명했습니다.

결론적으로 말하면, 질량과 에너지 사이에는 다음과 같은 관계가 성립합니다.

$$E = mc^2$$

질량에 c^2을 곱한 값은 그 질량이 에너지로 변환되었을 때 나오는 에너지의 양입니다. 빛의 속도가 얼마나 큰지 안다면, c^2이 얼마나 큰 수인지는 짐작이 가지요? 작은 질량이라도 그것이 에너지로 전환되면, 엄청나게 많은 에너지가 나오게 됩니다. 원자탄의 위력이 대단한 것도, 원자력 발전소에서 에너지를 얻는 것도 바로 $E = mc^2$라는 관계가 성립하기 때문입니다.

$E = mc^2$의 의미

이 식은 간단하지만 지니고 있는 의미, 그리고 과학 발전과 인류 문명에 끼친 영향은 이루 말할 수 없이 대단합니다.

이 식을 간단히 말로 표현하면, 질량(m)이 에너지(E)로 변할 수 있다는 것을 의미합니다. 이 둘을 변환시키는 매개 변수가 바로 광속(c)입니다. 여러분이 다 아는 것과 같이 빛은 엄청 빠릅니다. 빠른 빛 속도를 제곱한 것이 변환 상수이지요.

이것은 질량에 빛 속도의 제곱을 곱하면, 질량에 해당하는 에너지가 나온다는 것을 의미합니다. 예를 들어, 질량 1kg을 에너지로 변환시키면 $(3 \times 10^8) \times (3 \times 10^8)$줄(J)이라는 막대한 양의 에너지가 나온다는 말입니다. 이것은 얼마나 큰 에너지일까요? 가정에서 사용하는 100와트(W) 전구 1억 개를 약 석 달 동안 켤 수 있는 에너지입니다.

문제는 어떻게 질량을 에너지로 바꿀 수 있느냐 하는 것입니다. 물체를 블랙홀에 집어 던지면 될지도 모릅니다. 하지만 이 방법은 현재 우리가 사용할 수 없습니다. 인간이 알고 있는 유일한 방법은 원자의 핵을 사용하는 것입니다. 핵이 분열하거나 융합하면 에너지가 나옵니다. 태양이 막대한 에너지를 쏟아 내는 것도 핵융합 반응에 의한 것입니다. 하지만 핵융합을 하기 위해서는 매우 높은 온도와 압력이 필요합니다. 아직 인류는 이런 높은 온도를 안정적으로 얻는 기술을 개발하지 못해서 핵융합 방식으로 에너지를 얻지 못하고 있습니다. 그 대신 원자로와 원자탄처럼 핵분열 반응을 이용하고 있습니다.

핵분열 방식은 우라늄, 플루토늄 등 원자 번호가 큰 무거운 원소를 사용하는데, 이 과정에서 방사성 물질이 배출되는 것이 문제입니다. 반면, 핵융합 방식은 수소와 같은 가벼운 원소를 사용하기 때문에 방사성 물질이 배출될 염려가 없습니다. 머지않아 인류는 이 기술을 개발하게 될 것입니다.

$E=mc^2$는 우주의 모든 에너지의 근원을 나타내는 식입니다. 별이 밤하늘에서 빛나는 것은 별에서 질량이 에너지로 바뀌기 때문

입니다. 빅뱅은 에너지가 물질이 되는 현상이라고 할 수 있습니다. 블랙홀은 우주의 개미귀신과 같은 존재입니다. 에너지를 잡아먹고 질량을 키우기 때문입니다.

우주는 에너지가 물질이 된 것이고, 언젠가는 다시 에너지로 돌아가고 말 것입니다. 결국 세상만사는 $E = mc^2$가 지배하고 있는 것이나 마찬가지입니다.

우주를 계산하다

아인슈타인의 우주 방정식

일반 상대론이 가져다준 혁명은 바로 우주에 대한 새로운 시각이 아니었을까요? 우주는 광대무변한 불가지의 영역이었습니다. 우주가 어떻게 생겨났는지, 얼마나 큰지, 앞으로 어떻게 될 것인지 아무런 과학적 사고를 할 수 없었습니다. 그냥 신비의 영역에 머물러 있었지요.

이렇듯 우주는 아인슈타인이 나오기 전까지 과학의 영역 밖에 있었습니다. 천문학자가 하는 일이라곤 별까지의 거리를 측정하는 것뿐이었습니다. 이렇게 말하면 허블이 매우 섭섭하게 생각할지도 모릅니다. 허블이 은하를 관측해서 우주가 팽창한다는 사실을 알아냈으니까요. 하지만 아인슈타인이 없었다면 허블의 관측 결과가 있었더라도 지금과 같은 우주론이 탄생하지는 못했을 것입니다.

사실, 아인슈타인도 우주에 대해서 제대로 알지는 못했습니다. 그는 우주가 영원히 변하지 않는다는, 매우 잘못된 생각을 하고 있었습니다. 하지만 자신이 만든 일반 상대론이 이 생각이 잘못되었다는 것을 보여 주었습니다.

아인슈타인의 일반 상대론을 수학적으로 표현한 것이 바로 우주 방정식입니다. 우주 방정식을 수식으로 표현하면 다음과 같습니다.

$$R_{\mu\nu} - \frac{1}{2}g_{\mu\nu} + g_{\mu\nu}\Lambda = \frac{8\pi G}{c^4}T_{\mu\nu}$$

엄청 복잡하지요? 아인슈타인은 이 방정식을 완성하기까지 수많은 시행착오를 거쳤으며, 자신의 수학적 지식으로 해결되지 않아서 친구인 수학자 그로스만의 도움을 받았습니다. 이 방정식을 이해하기 위해서는 휘어진 공간을 표현하는 수학인 텐서^{tensor}를 알아야 합니다.

간단히 설명하자면, 이 방정식의 좌변은 공간을 나타내고 우변은 질량, 곧 에너지를 나타냅니다. 이 방정식을 다르게 표현하면, 결국 물질과 공간이 하나라는 말이 됩니다.

공간⇔물질

물질은 돌과 나무처럼 우리가 만지고 볼 수 있는 대상인 반면에 공간은 보이지도 않고 만질 수도 없습니다. 물질이 있든 없든 공간은 그대로 존재하는 것이 아닙니까? 그런데 어떻게 공간이 물질이 될 수 있을까요? 아인슈타인의 생각은 달랐습니다. 그는 물질이 없으면 공간도 없다고 생각했습니다. 물질이 공간을 만들고, 공간이 물질을 조정합니다. 앞에서 언급한 것처럼 물리학자 휠러는 이에 대해 "물질은 공간이 어떻게 휘어질 것인지를 결정하고, 공간은 물질이 어떻게 운동할 것인지를 결정한다."라고 말했습니다.

한번 생각해 보세요. 빛도 중력에 의해서 휘어지지 않습니까? 중력은 물질이 있기 때문에 생깁니다. 빛이 휘어진다는 것은 공간이 휘어진다는 것을 의미합니다. 별과 같이 질량이 큰 물체는 강한 중력을 만들어 냅니다. 별 주위의 공간이 휘어지기 때문입니다. 아인슈타인은 중력이라는 신비한 힘이 존재하는 것이 아니라, 공간이 휘어져 있는 현상이 바로 중력이라고 생각했습니다.

공간은 빛의 운동에만 영향을 미치는 것이 아니라 모든 것의 운동을 결정합니다. 지구에서 물체가 아래로 떨어지는 것도 중력이라는 이상한 힘 때문이 아니라 공간이 휘어져 있기 때문입니다.

아인슈타인의 우주 방정식의 핵심은 물질이 공간의 모습을 결정하고, 공간이 물질의 운동을 결정한다는 것입니다. 이 방정식을 해석하는 과정에서 블랙홀의 존재를 예측할 수 있었고, 빅뱅과 팽창하는 우주도 알게 되었습니다.

아인슈타인의 우주

우주에는 수많은 별이 있지만, 블랙홀은 그중에서도 으뜸일 것입니다. 빛이 중력에 의해서 휘어진다는 사실을 통해 블랙홀을 예측할 수 있습니다. 질량이 크면 빛을 휘어지게 하고, 그 휘어짐이 크면 빛이 탈출할 수 없을 것입니다. 아인슈타인의 중력 이론으로부터 그런 별이 되기 위해서는 질량이 얼마여야 하는지 계산하는 것은 어려운 일이 아닙니다. 물리학자 카를 슈바르츠실트Karl Schwarzschild, 1873-1916가 블랙홀의 반경을 계산했고, 블랙홀은 실제로 관측되었습니다. 거의 모든 은하의 중심에는 블랙홀이 있다고 밝혀졌습니다.

블랙홀과 더불어 우리의 관심을 가장 많이 끄는 것은 빅뱅이 아닐까요?

아인슈타인은 우주가 영원히 변하지 않는 안정 상태의 우주stationary universe라고 믿었습니다. 그런데 아인슈타인의 우주 방정식에 따르면, 우주는 팽창하거나 수축할 수는 있어도 안정 상태를 유지할 수는 없었습니다. 안정 상태의 우주를 굳게 믿었던 아인슈타인은 우주 방정식에 문제가 있다고 생각했으며, 그 문제를 제거하기 위해서 우주 상수라는 새로운 항을 추가했습니다. 이 항은 단순히 자신의 믿음인 평형 상태의 우주를 만들기 위해서 억지로 넣은 것이었습니다. 그렇게 해서 아인슈타인은 우주가 팽창도 수축도 하지 않는 안정된 우주 방정식을 만들었습니다. 하지만 그는 이것이 자신의 인생에서 가장 뼈아픈 실수라며 후회하기까지 했습니다.

생각해 보세요. 물체가 가만히 있는 것이 자연스러울까요? 아니면 어떤 방법으로라도 움직이는 것이 자연스러울까요? 아인슈타인은 이렇게 말했습니다. "인생은 자전거 타기와 같습니다. 넘어지지 않으려면 움직여야 합니다." 인생도 그렇고 자전거 타기도 그러한데, 왜 아인슈타인은 우주도 그래야 한다는 것을 몰랐을까요?

움직이는 방법이 수만 가지라면, 움직이지 않는 방법은 한 가지밖에 없습니다. 확률적으로 보더라도 정지해 있는 것보다 움직이고 있을 확률이 더 높습니다. 우리가 알고 있는 모든 천체는 운동하고 있습니다. 달도 지구 둘레를 돌고, 지구도 태양 둘레를 돌고 있습니다. 달과 지구는 움직이기 때문에 안정적인 상태를 유지할 수 있습니다.

이렇듯 움직이는 것이 자연스럽다는 생각은 간단하고 쉽지만, 아인슈타인은 안정적인 우주에 대한 편견에 사로잡혀 있었습니다. 그는 편견에서 벗어나는 것이 가장 중요하다고 주장했지만, 정작 자신의 편견에서는 벗어나지 못했습니다.

하지만 아인슈타인이 실수로 삽입했던 우주 상수는 나중에 우

헝가리 세게드에 있는 아인슈타인 동상

주를 팽창하게 하는 암흑 에너지와 불가분의 관계가 있다는 것이 밝혀졌습니다. 실수가 행운으로 돌아온 것이지요.

허블이 은하를 관측해서 은하들 사이의 거리가 팽창하고 있다는 사실을 밝혀내고, 벨기에의 가톨릭 신부 조르주 르메트르Georges Lemaître, 1894-1966는 우주가 팽창해야 한다고 주장하고, 러시아의 물리학자 알렉산드르 프리드만Alexander Friedmann, 1888-1925이 우주 방정식의 해를 찾아내면서 팽창하는 우주는 확실한 지위를 확보하게 되었습니다.

실제로 우주는 점점 더 빨리 팽창하고 있습니다. 이 팽창하는 속도로부터 우주의 나이를 계산할 수 있을 뿐만 아니라 우주에 우리가 알지 못하는 암흑 에너지가 얼마나 있어야 하는지도 알 수 있습니다.

　우주가 팽창한다면 빅뱅은 불가피한 결론일 수밖에 없습니다. 팽창하는 우주의 시간을 과거로 돌려 보면, 점점 작은 우주로 돌아가기 때문입니다. 빅뱅만큼 인류에게 놀라움을 선사한 발견이 무엇이 있을까요? 비록 아인슈타인의 우주론을 이해하지는 못해도 누구나 빅뱅을 머릿속에 그려 보며 놀라움을 느낄 수 있습니다.

　빅뱅이 있다면 당연히 빅뱅 이전을 생각하게 되고, 빅뱅이 한 번만 일어났을지 의심할 수도 있고, 다른 빅뱅이 있다면 또 다른 우주도 있을 것이라고 생각할 수 있습니다. 이렇듯 상상은 상상을 낳아서 우주는 너무나 풍부한 상상의 세계가 되어 버립니다.

　물론 아인슈타인의 이론만이 이 많은 상상을 다 만들어 내는 것은 아니지만, 이런 상상을 할 수 있는 발판을 만든 사람은 아인슈타인입니다. 심지어는 아인슈타인이 죽을 때까지 받아들이지 못한 양자 역학조차 아인슈타인이 발판을 놓았습니다. 지금의 거의 모든 물리학에는 아인슈타인의 정신이 스며 있다고 할 수 있습니다.

　외계인이 있다면 그들이 지구를 아인슈타인의 별이라고 불러도 하나도 이상하지 않습니다. 어쩌면 수많은 다중 우주 중에서 우리의 우주를 아인슈타인의 우주라고 불러야 할지도 모르지요.

감사의 말

아인슈타인이라는 세기적 인물을 다루는 것은 영광스러우면서도 어렵고 조심스러운 일입니다. 아인슈타인을 만난 일도 없고, 다만 과학을 공부하면서 아인슈타인을 접하게 된 필자가 이 책을 출판할 수 있었던 것은 아인슈타인을 소재로 한 많은 저술이 있었기 때문입니다. 특히 월터 아이작슨Walter Isaacson 의 『아인슈타인, 삶과 우주Einstein: His life and Universe』와 매튜 스탠리Matthew Stanley 의 『아인슈타인의 전쟁Einstein's War』으로부터 많은 도움을 받았습니다. 그 외에도 아인슈타인과 관련해 깊이 연구하고 저술을 남긴 모든 분께 감사의 말씀을 드립니다.

이 책의 출간을 결정하고 좋은 책이 나오도록 애쓰신 사태희 대표님과 출판사 모든 분께 감사드립니다. 특히 이 책의 편집을 맡아 주신 안주영 선생님께 깊은 감사의 말씀을 드립니다. 안주영 선생님은 제 원고의 많은 오류를 바로잡아 주셨을 뿐만 아니라, 자료의 출처를 확인하는 등 거의 공저자 수준으로 애써 주셨습니다. 정말 감사합니다.

부디 이 책을 통해서 많은 분이 아인슈타인과 아인슈타인이 생각했던 우주를 조금이라도 더 잘 이해하고, 이로 인해 삶이 풍부해지기를 진심으로 바랍니다.

권재술

부록

아인슈타인 가계도

* 이름 아래 숫자는 출생-사망 연도
* 괄호 숫자는 결혼-이혼 연도

루퍼트 아인슈타인
Rupert Einstein
1759-1834

레베카 오베르나우어 아인슈타인
Rebecca Obernauer Einstein
1770-1853

아브라함 루퍼트 아인슈타인
Abraham Rupert Einstein
1808-1868

헬렌 모오스 아인슈타인
Helene Moos Einstein
1814-1887

야콥 아인슈타인
Jakob Einstein
1850-1912

예테 아인슈타인
Jette Einstein
1844-1905

헤르만 아인슈타인
Herman Einstein
1847-1902

올리우스 코흐
Julius Koch
1816-1895

예테 베른하이머
Jette Bernheimer
1825-1886

시저 코흐
caesar koch
1854-1941

야콥 코흐
Jakob Koch
1850-1925

파니 코흐
Fanny Koch
1852-1926

파울리네 코흐 아인슈타인
Pauline Koch Einstein
1858-1920

1876

라파엘 아인슈타인
Rafael Einstein
1806-1880

헨리에테 바루흐
Henriette Baruch
1809-1852

루돌포 아인슈타인
Rudolf Einstein
1843-1926

클레멘티네 아인슈타인
Clementine Einstein
1842-1930

1871

헤르미네 아인슈타인
Hermine Einstein
1872-1942

파울라 아인슈타인
Paula Einstein
1878-1955

엘자 뢰벤탈 아인슈타인
Elsa Löwenthal Einstein
1876-1936
아인슈타인의 두 번째 부인, 사촌 동생

막스 뢰벤탈
Max Löwenthal
1864-1914
엘자의 첫 남편

마리아(마야) 아인슈타인
Maria(Maja) Einstein
1881-1951
아인슈타인의 여동생

밀레바 마리치
Mileva Marić
1875-1948
아인슈타인의 첫 번째 부인

알베르트 아인슈타인
Albert Einstein
1879-1955

(1903-1919)

(1919)

자녀 없음

(1896-1908)

리제를 아인슈타인
Lieserl Einstein
1902-?

한스 알베르트 아인슈타인
Hans Albert Einstein
1904-1973

에두아르트 아인슈타인
Eduard Einstein
1910-1965

일제 뢰벤탈 아인슈타인
Ilse Löwenthal Einstein
1897-1934
엘자가 첫 남편 사이의 딸

마르고트 뢰벤탈 아인슈타인
Margot Löwenthal Einstein
1899-1986
엘자가 첫 남편 사이의 딸

아들
1903-?

1879: 3월 14일, 독일 울름(Ulm)에서 출생함.

1884: 3년 과정인 뮌헨의 가톨릭 초등학교(Petersschule on Blumenstrasse)에 입학함.

1887: 7년 과정인 루이트폴트 김나지움(Luitpold Gymnasium, 현재 알베르트 아인슈타인 김나지움(Albert Einstein Gymnasium))으로 옮김.

1894: 아버지의 전기 회사가 망하고 이탈리아로 이사함. 가족이 이탈리아에 머무는 동안 아인슈타인은 루이트폴트 김나지움에 남아 있었지만, 교육 방법이 싫어서 떠날 궁리를 함. 이탈리아 북부를 여행하고 가족과 합류함. 이때 「자기장 속의 에테르의 상태에 관한 탐구(On the Investigation of the State of the Aether in Magnetic Field)」라는 논문을 씀.

1895-1914: 스위스에서 생활함.

1895-1896: 취리히 연방 공과대학교(Swiss Federal Polytechnic in Zurich, 나중에 ETH(Eidegenossische Technische Hochschule)로 불림) 입학에 실패. 물리학과 수학에서는 매우 우수했으나 일반 과목에서 낙제함. 하지만 학장의 추천으로 아라우에 있는 고등학교(Argovian Cantonal School)에 입학해 중등 교육을 수료함.

1896: 1월, 아버지의 허락하에 독일 시민권을 포기함. 9월, 매우 우수한 성적으로 마투라(Swiss Matura, 스위스의 대학 입학 자격시험)를 통과함. 물리학과 수학에서 최고 등급인 6을 획득함. 취리히 연방 공과대학교에 입학해 밀레바 마리치를 만남.

1900: 대학교를 졸업함. 아인슈타인은 학위를 받았지만, 밀레바는 수학 성적이 좋지 않아 졸업에 실패함.

1901: 『물리학 연보(Annalen der Physik)』에 모세관 현상에 관한 논문을 발표함. 그 후 1904년까지 총 다섯 편의 논문을 같은 저널에 실음. 스위스 시민권을

획득함.

1902: 모리스 솔로빈, 콘라트 하비히트와 함께 '올림피아 아카데미(The Olympia Academy)'를 설립함. 이들은 과학, 수학, 철학에 대해서 정기적으로 토론하며 푸앵카레, 마흐, 흄 등의 책을 공부함. 6월 23일, 특허국에 취직함.

1903: 밀레바와 결혼함. 솔로빈과 하비히트가 증인으로 섬. 특허국 정규직으로 승진함.

1904: 5월, 첫아들 한스가 태어남.

1905: 취리히 대학교(University of Zurich)에 새로운 분자 크기의 측정(A New Determination of Molecular Dimensions)에 관한 논문을 제출함. '기적의 해'로 과학사에 남을 네 편의 논문을 발표함(광전 효과(photoelectric effect), 브라운 운동(Brownian motion), 특수 상대론(special relativity), 질량 에너지 등가 원리(equivalence of mass and energy)).

1908: 베른 대학교(University of Bern)의 객원 교수로 취직함.

1909: 취리히 대학교의 이론 물리학 교수가 됨. 전자기학과 상대론에 관해 강의함. 특허국 사표가 수리됨.

1910: 7월, 둘째 아들 에두아르트가 태어남.

1911: 오스트리아 시민권을 취득함. 4월, 찰스 페르디난트 대학교(German Charles-Ferdinand University, 독일계)의 교수가 됨. 11월, 벨기에 브뤼셀에서 열린 제1차 솔베이 회의에 참석함.

1912: 모교인 취리히 연방 공과대학교의 이론 물리학 교수가 됨. 엘자 뢰벤탈과 교제함.

1914: 4월, 독일 베를린으로 돌아감. 밀레바와 별거함. 카이저 빌헬름 물리학 연구소(Kaiser Wilhelm Institute for Physics)의 소장과 훔볼트 대학교(Humboldt University of Berlin) 교수로 지명됨.

1916: 독일 물리학회(German Physical Society) 회장에 지명됨.

1919: 밀레바와 이혼함. 엘자와 결혼함. 11월, 영국 〈더 타임스〉에 '과학의 혁명. 새로운 우주론. 뉴턴의 아이디어가 뒤집히다(Revolution in Science. New Theory of the Universe. Newtonian Ideas overthrown.).'라는 헤드라인의 기사가 실림.

1920: 네덜란드 왕립 예술 과학 아카데미(Royal Netherlands Academy of Arts and Sciences)의 외국인 회원이 됨.

1921: 영국 왕립학회(Royal Society) 외국인 회원이 됨. 미국 뉴욕을 방문함. 뉴욕 시장의 환영회에 참석하고, 컬럼비아 대학교와 프린스턴 대학교 등에서 강의하고, 백악관을 방문함. 영국을 방문해 킹스 칼리지에서 강연하고, 영국 정치인이자 철학자 리처드 홀데인과 회동함. 6월, 독일로 귀국함.

1922: 광전 효과로 노벨 물리학상을 수상함. 3월, 파리 콜레주 드 프랑스(Collège de France)에서 강연함. 10월, 아시아를 방문해 팔레스타인, 싱가포르, 스리랑카, 일본에서 강연함. 일본 방문으로 인해 12월에 열린 노벨상 시상식에 참석하지 못함.

1922-1932: 국제 연맹의 국제 지적 협력 위원회(International Committee on Intellectual Cooperation) 회원으로 활동함.

1923: 2주 동안 스페인을 방문해 알폰소 13세로부터 스페인 과학 아카데미(Spanish Academy of Sciences) 회원으로 추대됨.

1925: 영국 왕립학회로부터 코플리 메달을 받음.

1930: 두 번째로 미국을 방문함. 뉴욕에서는 〈뉴욕타임스〉 편집자들과의 오찬에 참석하고, 뉴욕 시장과 컬럼비아 대학교 총장을 만나고, 뉴욕 리버사이드 교회(Riverside Church)에 방문함. 캘리포니아에서는 캘리포니아 공과대학교에서 물리학자 로버트 밀리컨을 만남.

1933: 미국 방문 중 나치의 집권으로 독일로 돌아갈 수 없게 됨. 벨기에의 독일 영사관으로 가서 여권을 반납하고 독일 시민권을 공식적으로 포기함. 아인슈타인에게 5,000달러의 현상금이 걸림. 영국으로 가 윈스턴 처칠과 다른 정치인들을 만나고, 옥스퍼드 대학교에서 강연함. 9월, 튀르키예 총리에게 편지를 보내 1,000명 이상의 유대인 목숨을 구함. 프린스턴 고등연구소(Institute for

Advanced Study)의 제안을 받아들여 상주 학자(resident scholar)가 됨.

1938: 레오폴드 인펠트와 함께 쓴 『물리학의 진화(The Evolution of Physics)』가 출판됨.

1939: 레오 실라르드와 함께 루스벨트 대통령에게 편지를 보냄.

1940: 미국 시민권을 획득함.

1945: 실라르드를 루스벨트 대통령에게 소개하는 편지를 씀.

1955: 4월 18일, 사망함.

1. 인생은 자전거 타기와 같습니다. 넘어지지 않으려면 움직여야 합니다.

Life is like riding a bicycle. To keep your balance you must keep moving.

아무것도 하지 않고 가만히 있는 것은 죽음의 상태와 비슷합니다. 따라서 우리는 살아 있는 동안 끊임없이 움직여야 합니다. 우주도 마찬가지입니다. 빅뱅 이후 우주는 계속 팽창하고 있습니다. 우주는 팽창하지 않으면 유지되지 않습니다. 인생이나 우주나 다 움직여야 합니다.

2. 세상에 무한한 것은 두 가지가 있습니다. 하나는 우주이고, 다른 하나는 인간의 멍청함입니다. 하지만 나는 우주의 무한함에는 확신이 없습니다.

Two things are infinite: the universe and human stupidity; and I'm not sure about the universe.

우주는 무한하다고 해도 될 정도로 큽니다. 하지만 아인슈타인은 우주가 정말 무한한지 확신이 없지만, 인간의 무지함은 확실하게 무한하다고 말했습니다. 인간의 무지함을 극적으로 표현한 것이지요.

3. 세상에는 두 종류의 사람이 있습니다. 하나는 세상에 기적이 없다고 믿는 사람이고, 다른 하나는 세상 모든 것이 기적이라고 믿는 사람입니다.

There are only two ways to live your life. One is as though nothing is a miracle. The other is as though everything is a miracle.

기적이 있는지 없는지는 과학의 문제가 아니고 믿음의 문제입니다. 어떤 믿음을 갖든지 우주에 대한 신비감은 소중한 믿음입니다. 아인슈타인은 기적을 믿었습니다.

4. 논리는 당신을 A에서 Z까지 데려가지만, 상상은 어디에라도 데려갑니다.

Logic will get you from A to Z; imagination will get you everywhere.

과학은 논리적인 학문이지만 논리가 전부는 아닙니다. 과학자는 논리적으로 사고하기 전에 우주에 대해서 나름대로 상상을 합니다. 이 상상이 연구의 원동력입니다. 논리는 상상을 더욱 풍부하게 만드는 징검다리 역할을 하고, 상상은 더 깊은 논리 전개가 가능하도록 도와줍니다.

5. 제3차 세계 대전이 일어나면 어떤 무기로 싸우게 될지 모르지만, 제4차 세계 대전에서는 막대기와 돌멩이로 싸우게 될 것입니다.

I know not with what weapons World War III will be fought, but World War IV will be fought with sticks and stones.

제3차 세계 대전이 일어나면 핵무기로 싸우게 될 것입니다. 그렇게 되면 지구의 문명은 완전히 파멸되고, 인류도 멸망할 것입니다. 살아남은 사람이 있다고 해도 그들은 석기 시대로 돌아가게 될 것입니다. 석기 시대 사람들이 전쟁한다면 무엇을 무기로 삼을까요? 막대기와 돌멩이가 아닐까요? 핵무기의 위험성을 경고한 말입니다.

6. 신은 주사위 놀이를 하지 않습니다.

God does not play dice.

아인슈타인이 남긴 말 중에서 가장 유명한 말입니다. 양자 역학의 불확정성 원리를 반박하는 내용이지요. 아인슈타인은 죽을 때까지 양자 역학을 받아들이지 못했습니다. 하지만 지금은 신이 주사위 놀이를 한다는 것이 과학계의 정설입니다.

7. 세상 어디에도 시간이 내는 똑딱 소리는 없습니다.

There is no audible tick-tock everywhere in the world that can be considered as time.

시간이란 원자나 분자처럼 존재하는 것이 아닙니다. 인간이 만들어 낸 관념일 뿐이지요. 시계의 똑딱 소리가 시간이 가는 소리는 아닙니다.

8. 세상의 모든 것이 사라져도 뉴턴의 관성 공간은 남을 것이라고 하지만, 사실은 아무것도 남지 않습니다.

If I allow ask things vanish, then according to Newton and Galilean inertial space remains; following my interpretation, however, nothing remains.

뉴턴은 절대 시간과 절대 공간이 존재한다고 생각했지만, 아인슈타인은 절대 시간은 물론 절대 공간도 없다고 생각했습니다. 세상의 모든 물질이 사라진다면 공간도 존재하지 않습니다. 빅뱅은 물질만 창조되는 사건이 아니라 시간과 공간도 창조되는 사건이었습니다.

9. 사람은 자신의 민족에게 무관심하지 않으면서도 세계주의자가 될 수 있습니다.

One can be an internationalist without being indifferent to members of one's tribe.

아인슈타인은 유대인이었지만, 자신을 유대인으로 한정하지 않고 세계 평화를 주창했습니다. 사람들은 세계주의와 민족주의를 상반되는 것으로 보지만, 국수주의가 아닌 자신의 민족을 사랑하는 마음을 민족주의라고 한다면 민족주의는 세계주의와 양립 가능하다는 말입니다.

10. 우주에 다른 생명이 있느냐고요? 아마도 있을 것입니다. 하지만 그것은 인간이 아닐 것입니다.

Other beings? perhaps, but not men.

방대한 우주에서 오직 지구에만 생명체가 있을까요? 우주 어딘가에는 인간처럼 고등 정신을 가진 존재가 분명히 있을 것입니다. 하지만 그 존재는 인간과 비슷하지는 않을 것입니다. 지금까지 인류가 상상한 외계인은 실제 외계인과는 너무 다를 것입니다.

11. 나는 개인의 행동에 직접 영향을 미치거나, 자신이 만들어 낸 피조물을 심판하는 인격적인 신은 생각할 수 없습니다.

I cannot conceive of a personal God who would directly influence the actions of individuals or would sit in judgment on creatures of his own creation.

아인슈타인이 믿었던 신은 스피노자가 말했던 대자연의 섭리 자체였지, 기독교에서 말하는 인격적인 신은 아니었습니다. 아인슈타인은 기독교적인 입장에서 보면 무신론자에 가깝습니다. 하지만 그는 자신을 무신론자라고 말하는 것을 좋아하지 않았습니다.

12. 나는 결정론자입니다. 나는 자유 의지를 믿지 않습니다. 나는 살인자가 철학적으로 자신의 죄에 대해서 책임이 없다고 생각하지만, 그와 함께 차를 마시고 싶지는 않습니다.

I am a determinist. I do not believe in free will. I know that philosophically a murderer is not responsible for his crime, but I prefer not to take tea with him.

자유 의지에 대해서는 철학적으로도, 심리학적으로도, 법률적으로도 논란이 많습니다. 엄밀하게 말하면, 고전 역학의 결정론이든 양자 역학의 확률론이든 과학에서 자유 의지가 설 자리는 없습니다. 고전주의자였던 아인슈타인도 자유 의지를 믿기는 어려웠겠지요. 당연하게도 아인슈타인은 결정론자였고, 그래서 자유 의지를 믿지 않았습니다. 자유 의지가 없다면 범죄자를 처벌하는 것은 말이 안 되지만, 그렇다고 그런 사람과 친하게 지내고 싶은 마음은 없다는 말입니다.

13. 아무도 보지 않으면 달이 저기에 없단 말입니까?

Is the moon not there when nobody looks?

아인슈타인이 보어와 논쟁할 때 한 말입니다. 양자 역학에서는 관찰하는 행위가 관찰 대상의 상태를 바꾸어 버린다고 주장합니다. 고전 역학의 신봉자였던 아인슈타인은 이것을 받아들이기 어려웠습니다. 그래서 한 말입니다.

14. 당신은 불멸을 믿습니까? 아닙니다. 나는 한 번의 인생으로 족합니다.

Do you believe in immortality? No. And one life is enough for me.

아인슈타인은 영생을 믿지도 않았지만, 영생하고 싶다는 생각도 없었습니다. 여러분은 어떻습니까? 영생이 좋을까요? 그리스의 신들은 죽음이 있는 인간을 부러워했다고 하지 않나요?

15. 나는 내 몫을 다 했고, 이제는 떠날 시간입니다. 우아하게 떠나고 싶습니다.

I have done my share, it is time to go. I will do it elegantly.

임종이 가까워졌을 때 인위적인 연명 노력을 하지 말라며 한 말입니다. 죽음에 임하는 아인슈타인의 태도를 알 수 있는 말입니다. 누구나 아인슈타인처럼 후회 없는 마음가짐으로 죽음을 맞이할 수 있다면 얼마나 좋을까요?

참고 문헌

Ivan Davidson, *The biography of Albert Einstein*, CreateSpace Independent Publishing
        Platform, 2017.
Walter Isaacson, *Einstein: His life and Universe*, Simon & Schuster UK Ltd, 2017.
Matthew Stanley, *Einstein's War*, Penguin Books, 2019.
Albert Einstein, *Ideas And Opinions*, Crown Publishers, 1954.
Albert Einstein and Leopold Infeld, *The Evolution of Physics*, Simon & Schuster, Inc, 1966.
Albert Einstein, *The Meaning of Relativity*, Charles Bukowski, 1971.
John Stachel, *Einstein's Miraculous Year*, Priceton University Press, 1998.

알베르트 아인슈타인 지음, 박상훈 옮김, 『나는 세상을 어떻게 보는가』, 한겨레, 1990.
알베르트 아인슈타인 지음, 최규남 옮김, 『상대성 이론/나의 인생관』, 동서문화사, 2016.
월터 아이작슨 지음, 이덕환 옮김, 『아인슈타인: 삶과 우주』, 까치, 2007.
제러미 번스타인 지음, 장회익 옮김, 『아인슈타인: 생애, 학문, 사상』, 전파과학사, 1991.
매튜 스탠리 지음, 김영서 옮김, 『아인슈타인의 전쟁』, 브론스테인, 2020.
베네슈 호프만 지음, 최혁순 옮김, 『아인슈타인, 철학 속의 과학 여행』, 도서출판 동아, 1989.

제1장

13쪽   미국 캘리포니아주에 있는 윌슨산 천문대에 방문한 아인슈타인(1931년)
https://commons.wikimedia.org/wiki/File:Albert_Einstein_writing_on_a_
blackboard_in_Pasadena_(1931).jpg

21쪽   취리히 연방 공과대학교의 수학 교수였던 민코프스키(1896년)
https://commons.wikimedia.org/wiki/File:ETH-BIB-Minkowski,_Hermann_
(1864-1909)-Portrait-Portr_03107.tif

28쪽   아인슈타인의 아버지인 헤르만 아인슈타인
https://commons.wikimedia.org/wiki/File:Hermann_einstein.jpg

28쪽   아인슈타인의 어머니인 파울리네 코흐 아인슈타인
https://commons.wikimedia.org/wiki/File:Pauline_Koch.jpg

33쪽   바이올린을 연주하고 있는 아인슈타인(1927년)
https://commons.wikimedia.org/wiki/File:Wanda_von_Debschitz-
Kunowski_Albert_Einstein_beim_Geigenspiel_1927.jpg

41쪽   밀레바와 아인슈타인(1912년)
https://commons.wikimedia.org/wiki/File:Albert_Einstein_and_his_wife_
Mileva_Maric.jpg

45쪽   엘자와 아인슈타인(1921년)
https://commons.wikimedia.org/wiki/File:Albert_u_Elsa_Einstein_1921_
NY_31011.jpg

54쪽   필립 포먼 판사로부터 미국 시민권 증명서를 받고 있는 아인슈타인(1940년)
https://commons.wikimedia.org/wiki/File:Citizen-Einstein.jpg

64쪽   아인슈타인의 박사 학위 논문 표지(1905년)
https://commons.wikimedia.org/wiki/File:Einstein_thesis.png
ⓒ 2022. AnotherBioFluid all rights reserved.

73쪽   노년의 아인슈타인(1947년)

https://commons.wikimedia.org/wiki/File:Albert_Einstein_1947.jpg

79쪽   아인슈타인의 절친한 친구였던 수학자 그로스만

https://commons.wikimedia.org/wiki/File:ETH-BIB-Grossmann,_Marcel_

(1878-1936)-Portrait-Portr_01239.tif_(cropped).jpg

83쪽   '올림피아 아카데미' 멤버였던 하비히트, 솔로빈, 아인슈타인(1903년)

https://commons.wikimedia.org/wiki/File:Einstein-with-habicht-and-

solovine.jpg

제2장

107쪽   아인슈타인과 실라르드가 루스벨트 대통령에게 보낼 편지 내용을 상의하는 모습(1939년)

https://commons.wikimedia.org/wiki/File:1-Einstein_and_Szilard_letter_to_

Roosevelt_NNSA.jpg

ⓒ 1946. Time Life Pictures all rights reserved.

115쪽   아인슈타인이 받은 노벨 물리학상 수상 증서

https://commons.wikimedia.org/wiki/File:Einstein_Nobel_1922_Urkunde.jpg

120쪽   에딩턴이 촬영한 개기 일식 사진(1919년 5월 29일)

https://commons.wikimedia.org/wiki/File:1919_eclipse_positive.jpg

125쪽   〈뉴욕타임스〉에 실린 에딩턴의 개기 일식 촬영 기사(1919년 11월 10일)

https://commons.wikimedia.org/wiki/File:Headline.png

ⓒ 2013. Gryfin all rights reserved.

127쪽   에딩턴(아래 왼쪽), 로런츠(아래 오른쪽), 아인슈타인(위 왼쪽)(1923년)

https://commons.wikimedia.org/wiki/File:Einstein,_Ehrenfest,_De_Sitter;_

Eddington_and_Lorentz,_26_September_1923,_Leiden.jpg

ⓒ 1923. H. van Batenburg all rights reserved.

131쪽   아인슈타인이 양자 역학의 불확정성 원리를 반박하기 위해서 고안한 사고 실험 장치

https://commons.wikimedia.org/wiki/File:Discussion_Bohr_Einstein_Fig_8.gif

137쪽   '기적의 해'인 1905년 아인슈타인이 특허국에서 근무하며 살았던 집
https://commons.wikimedia.org/wiki/File:Einstein_Haus,_Gr%C3%BCnes_
Quartier,_Berne,_Switzerland_-_panoramio.jpg

147쪽   베를린 대학교 연구실에 앉아 있는 아인슈타인(1920년)
https://commons.wikimedia.org/wiki/File:Albert_Einstein_photo_1920.jpg

151쪽   보어와 아인슈타인이 담소를 나누는 모습(1925년)
https://commons.wikimedia.org/wiki/File:Niels_Bohr_Albert_Einstein_by_
Ehrenfest.jpg

155쪽   "신은 주사위 놀이를 하지 않는다."라는 명언을 남긴 아인슈타인
https://commons.wikimedia.org/wiki/File:Albert_Einstein_1921_by_F_
Schmutzer.jpg

제3장

225쪽   라디오미터
https://commons.wikimedia.org/wiki/File:Crookes_radiometer_J1.jpg#/
media/File:Crookes_radiometer_J1.jpg

244쪽   헝가리 세게드에 있는 아인슈타인 동상
https://commons.wikimedia.org/wiki/File:Albert_Einstein_szobor,_Szeged,_
Somogyi_utca,_B%C3%A1nv%C3%B6lgyi0KJ.jpg

아인슈타인은 없다

ⓒ 권재술, 2024

초판 1쇄 인쇄일 | 2024년 4월 25일
초판 1쇄 발행일 | 2024년 5월 10일

지은이 | 권재술
펴낸이 | 사태희
편   집 | 최민혜 안주영
디자인 | 홍성권
마케팅 | 장민영
제   작 | 이승욱 이대성

펴낸곳 | (주)특별한서재
출판등록 | 제2018-000085호
주 소 | 08505 서울시 금천구 가산디지털2로 101 한라원앤원타워 B동 1503호
전 화 | 02-3273-7878
팩 스 | 0505-832-0042
e-mail | specialbooks@naver.com
ISBN | 979-11-6703-117-4 (03400)